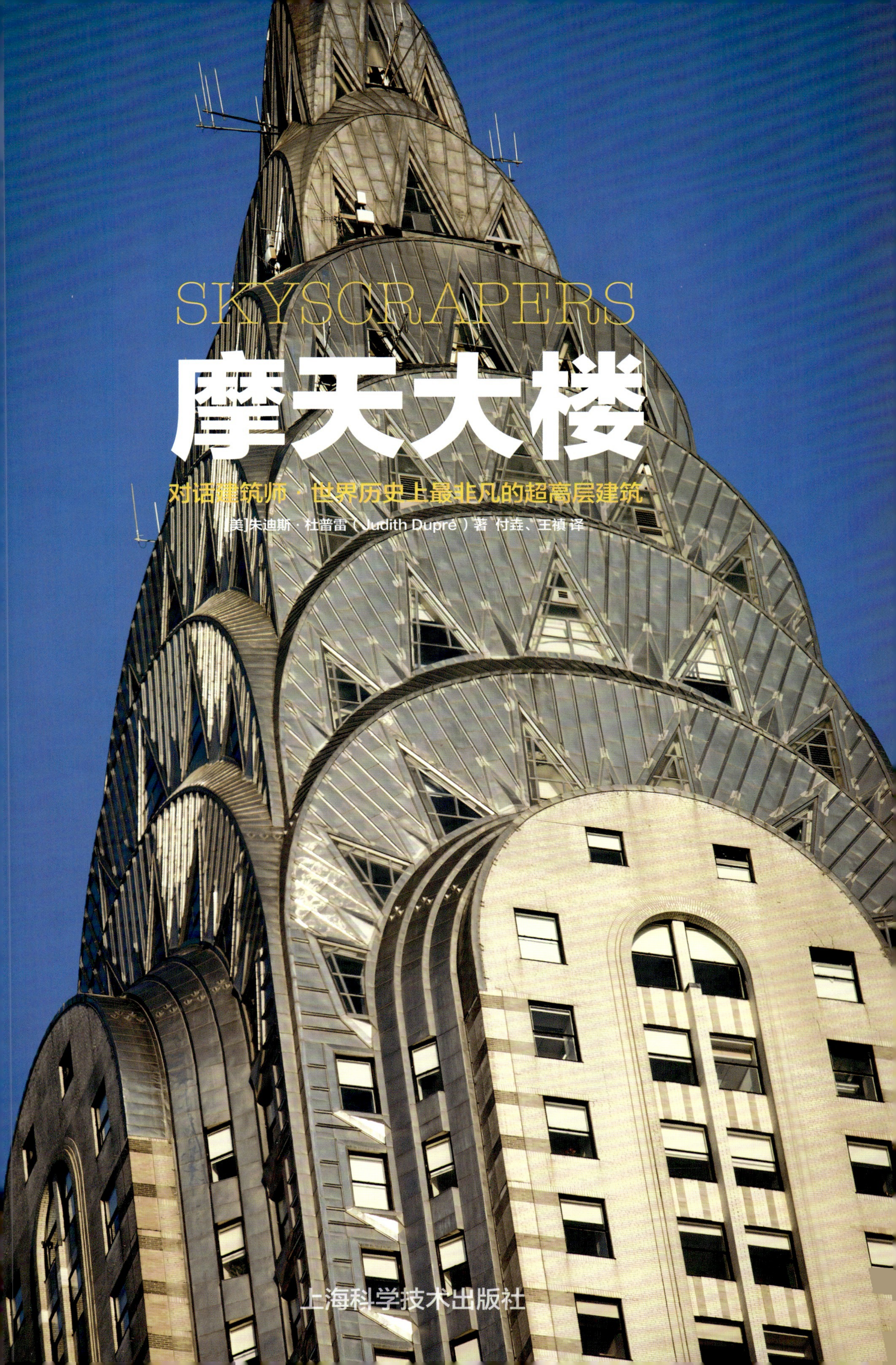
SKYSCRAPERS
摩天大楼
对话建筑师·世界历史上最非凡的超高层建筑
[美]朱迪斯·杜普雷（Judith Dupré）著 付垚、王禛 译
上海科学技术出版社

前 言

本书写给那些喜欢漫步于城市街道，对摩天大楼感兴趣的人，旨在帮助人们了解那些摩天大楼建造的缘由以及建造过程。摩天大楼像是居高临下的歌剧名伶，俯视着城市舞台，令我们心驰神往，同时又对下一座雄伟建筑的出现心怀一丝畏惧。

摩天大楼扮演着众多角色，它们是一座城市的标志，是电影画面里的明星，是企业实力的象征，也是许多人每天早晨报到上班的地方。唯有摩天大楼这类建筑能够表达出一个民族不朽的希望和梦想。世界上的许多国家，尤其是在中国和印度，由于众多的人口涌入城市，谋求更多的经济机会，摩天大楼日益成为城市化迅猛发展进程中的一种解决方案。简而言之，摩天大楼颇具冲击力的视觉效果蕴含着多重含义，它们已成为当代所有美好与糟糕生活的复杂隐喻。

这不是一本有关摩天大楼的综合指南，而是选择性地介绍了一些超高层建筑史上的里程碑式的、推动性的作品。本书按照年代顺序编写，从19世纪80年代高层建筑在芝加哥郊区的缓慢兴起，到两次世界大战期间曼哈顿的大规模建造，那是摩天大楼的黄金时代；随后是跨国风格的崛起，后现代主义的循环再造，以及融入现代主义、后现代主义和本土风格，它们成了第二次世界大战期间黄金时代的缩影。本书向读者展示了一些对环境负责的摩天大楼，既具有实用性，又富有远见，预示了摩天大楼向更环保的趋势发展。

自从本书1996年问世以来，超高层建筑的变化用天翻地覆来形容也不为过。世贸中心的双子塔被毁之后，摩天大楼的建造工程一度停止，但随后开发数量又有上升，开始了一个百无禁忌的时代，人们对建造新高楼的兴致高涨，追求建筑的高度个性化，有些建筑甚至因为在结构和创意上过于追求标新立异而饱受争议。21世纪前10年中的后期，全球经济低迷，建筑师、工程师、开发商以及承包商重新组合，到各地寻找机会，如今在开始一项超高层建筑工程时，态度更为审慎，同时更加追求独创性。我们当下经历着新一轮摩天大楼的繁盛时期，而此次建筑的中心阵地已转移至东方。仅在中国，超过380米高（即帝国大厦的高度）的摩天大楼，在建数目便已多达20座。

城市，尤其是那些从无到有，开拓者尽量避

开正式美学，而是选择折衷的设计。在发展中国家，这些新建的大厦就是城中城，给居住和工作在其中的人们提供舒适怡人的环境、便捷的能源系统，以及其他设施。这种自由、快速、规模大的发展特点使中国社会发生了突破性的改革。迪拜

FOREWORD

曾是世界发展最快速的城市，因拥有世界最高建筑——高耸入云的哈利法塔而倍感骄傲，这样的荣誉至少还可享受5年，但它将不可避免地被沙特阿拉伯在建的新地标王国塔所超越。它将是世界首座高度超过1 000米的人工建筑——已不仅仅是超高，而是最高——以其独一无二的极致高度傲视群雄。

由弗兰克·盖里设计的毕尔巴鄂古根海姆博物馆于1997年对外开放，该建筑以其颠覆性的、如

巨人盔甲般的结构特征，使得这座安静的西班牙城市成为游客必到之处。一座特别的建筑成为城市象征，刺激了一个地区的经济繁荣，随后这种现象便被称为“毕尔巴鄂效应”，各地纷纷兴起，一发不可收拾。因为主流开发商都认可这种通过引进具有标志性设计的、夺人眼球的建筑而带来的最基本的利益，所以超高层建筑正在渐渐改变着我们的城市风貌。开发商的自主性，目前3D、4D技术建模系统的开发，复合建筑材料的发展，以及工程技术的提高，都使得这种创意表达的数量爆发式增长。但这对于开发商而言存在着一种浮士德式的交易风险——设计被降格为市场营销的工具，一个独具匠心的创意还不及浮华的灯光惹人注目。

不过，许多傲人的超高层建筑并不一味关注美学设计，在设计建造时也都充分考虑了环境条件，尤其是在控制风荷载方面。处于亚洲几个著名的地震和台风多发地区，新建的摩天建筑也采取了最新的技术措施。在“9·11”事件发生之后，世界各地普遍对安全性多了一份考量。也许那次灾难带给人的唯一慰藉，就是有了新的生命安全体系得以确立，涉及火灾、风险、安保和通信等方面。

全球的环境意识越来越强，建筑师、开发商和建筑业者纷纷选择建造环保建筑。业主也力求可持续环保的办公空间，他们知道，承担环保的责任也是维护公司形象的重要一环。无论如何，摩天大楼仍然消耗着大量能源，为城市居民提供了集中、高密度的空间，也因为降低汽车使用需求而减少了碳排放。那些早期建造的摩天大楼正在经历改造，以求降低能耗。诸如阿拉伯沙漠这类的极端气候环境正启发人们因地制宜，有效利用当地能源系统，如使用风能、太阳能和地热。传统思路要求建筑必须与当地文化和历史背景相辅相成，而如今这一看似不可打破的原则也受到挑战，为国际化视野、更广泛（甚至更古老）的概念让路，因为新的设计理念首先考虑的是地理和气候需求。

摩天大楼曾经只是美国的一种独特艺术表现形式，如今已经遍布世界各个角落。在20世纪，纽约和芝加哥曾是设计摩天大楼的巨大工厂，而如今，中东和远东地区正逐渐成为新的试验地，它们将在未来几十年内见证众多超高层建筑的落成。

这是一本图文书，展示了大量精彩图片，旨在使读者得到文字阅读之外的更多信息。仔细端详这些图片就会发现，它们记载的是21世纪的极致城市体验。

目 录

与阿德里安·史密斯的访谈

阿德里安·史密斯，超高层建筑大师，对摩天大楼的设计、规模、环境和为社会发展做出贡献的潜力都有独到理解。他设计过多座地标性大楼，包括上海金茂大厦、首尔大楼广场三期、芝加哥优雅的号角国际酒店大厦、广州珠江城大厦——世界上首座零能耗大楼，以及阿联酋的哈利法塔——目前世界最高建筑。他是SOM建筑设计事务所芝加哥办公室的设计合伙人。2006年，他与戈登·吉尔合作成立了阿德里安·史密斯+戈登·吉尔建筑设计事务所（AS+GG）。该事务所承接的建筑项目通常要求具有较高标准，拥有创新性、可持续性系统，使其对环境的影响降到最低，甚至彻底消除对环境的影响。王国塔是最近在建的几座大楼之一，落成后它将成为世界第一高楼。近来，史密斯与戈登·吉尔、罗伯特·弗罗斯特共同创建了正能源事务所（PositivEnergy Practice），为国际客户设计和部署降低能耗和碳排放的方案。史密斯的众多超凡作品凭借绝妙的设计揽获90多项主流大奖。本书作者朱迪斯·杜普雷分别在2008年和2013年对阿德里安·史密斯进行了采访。

杜普雷：位于沙特阿拉伯吉达的王国塔已经破土动工，它将成为世界上最高的建筑，也是第一座超过1 000米的建筑。建造超过1 000米的大楼和建造几百米高的大楼有什么区别？

史密斯：每座大楼都有需要面对的技术难题。建筑越高，占地面积就越大，这就成了考察建筑可行性的核心问题——你一次能占用多少平方米的地？如果想建一座超高层建筑，但大楼只有一半的入住率，那么这座建筑就无法带动当地发展。另外一个问题是关于电梯，电梯架到多高之后需要换乘。如今，一部电梯可以升到500多米的高度，所以你只需要换乘一次。如果一座大楼高1 600米，你就需要换乘2次或3次。这是个非常实际的问题。全球只有5家电梯公司能为王国塔建造电梯。我们曾经为王国塔设计了3层电梯系统，还没有实施就放弃了，因为几乎没有哪家公司可以建造这套电梯系统。

杜普雷：王国塔和哈利法塔在设计上有哪些区别？

史密斯：设计上的区别在于整体造型。王国塔是锥形造型，而哈利法塔是阶梯形的造型。王国塔有3条支撑腿，3个立面，每个立面的倾斜角度略有不同，从顶部看就形成一个不对称的造型。一个立面有1 000米高，另2个立面高度分别为600米和840米。

杜普雷：整座建筑的外立面都由玻璃幕墙覆盖吗？

史密斯：整座大楼外立面采用双层玻璃，形成一个高性能的玻璃镜面系统，利用玻璃尽可能有效地反射热量。玻璃有40% ~ 45%的透明度——虽然看起来是全玻璃，实际很多部分是拱肩玻璃，可以高度密封。大部分楼层的各个侧面弯曲面内都设有户外露台，露台的位置看似随意，其实是为了故意制造出一种有趣而强烈的节奏感。

杜普雷：较高楼层那个突出的部分是观景台吗？

史密斯：是的，但最初是把那里设计成停机坪。客户很喜欢那个设计，但飞行员说："我们根本不可能把直升机停在那里，因为风向和风速都是变化莫测的！"但客户太喜欢那块停机坪了，想要保留，于是它就被改造成了空中露台。后来发现，那块露台对建造过程起了很大作用。建造顶部和塔尖时，它将成为工作平台。虽然现在看起来它的作用微乎其微，但它在整个建筑过程中扮演着十分重要的角色。

杜普雷：施工的进展情况如何？

史密斯：设备已经到场，现在开始地下钻孔。按标准完成地基工作大概需要九个月的时间。现在最大的问题是土地的裂隙，这里有大片已经干枯的蓄水层。我们必须很小心，几乎到处钻孔，尽量避开地下蓄水层，因为一旦浇筑混凝土，混凝土会直接进入到蓄水层里。

杜普雷：我们再来谈谈你的上一部杰作，也是曾经的最高建筑。哈利法塔最初是在什么机缘之下决定设计建造的？

史密斯：艾玛尔（开发商）在看过世界各地众多的高层建筑之后，带着一个宏大的计划找到我们。他们说："我们的目标是建一座世界上最高的大厦。"当时我在SOM，乔治·艾夫斯塔修、比尔·贝克和我给他们展示了我们设计完成的五六座建筑——金茂大厦、大楼广场三期、迪尔伯恩大厦，还有希尔斯大厦和汉考克中心。我们探讨了如何使其设计和外形与建筑功能相适应。最终他们说道："如你们所知，我们还找过另外四五家建筑设计公司。你们觉得应该如何选择建筑师？"我说："你们应该做一次设计招标。"于是他们照做了。我在和他们这样说之前，心里就有了一个想法。坦率地讲，两周之内就要给出一个考虑周全的设想，还要因地制宜，这对任何公司来说都很难完成——他们很喜欢我的计划。这座楼不见得要有多梦幻，他们也想要一座有可实施性、容易理解的建筑，于是他们选择了我们。艾玛尔觉得一旦公布哈利法塔的高度，纳赫勒集团（Nakheel）或其他有同等竞争力的开发商就会宣布要造一座更高的大楼，于是对高度的保密就成了一个非常独特的卖点，这使得哈利法塔成为新闻关注的焦点。

杜普雷：除了高度，还有哪些方面值得关注？

史密斯：高度是很重要的一个方面，但建筑的外形也必须十分出色，因为希望它对世界各地的人都具有吸引力。它应该既能满足功能需求，又富有启发性，与所在地域、文化和置身其中的人紧密相连，并且让人们乐于置身其中。过去，建筑师会在超高层建筑周身加很多柱子，但这样一来，窗户只能做得很窄，你根本看不到窗外的全景，也感受不到高度，因为你根本不敢往外看。哈利法塔和金茂大厦在这方面做出了很大的突破，结构变得更加开放，几乎没有立柱阻挡视野。

杜普雷：我们真的需要一座打破高度纪录的大楼吗？

史密斯：迪拜因为拥有世界第一高楼获益颇多。经济的低迷使迪拜受到很大打击，但现在正在慢慢恢复。4年前我们设计中途停工的建筑现在又重新动工了，都在哈利法塔附近。对于开发商来说，哈利法塔非常成功，它带动了周边地产的发展。开发商通过盖楼赚取更多的钱，然后可以更迅速地投资到这些大楼上来，因为这些楼都和哈利法塔搭上了关系。哈利法塔对这座城市也很有益处，让它的知名度大大提升。沙特阿拉伯正试图学习迪拜的做法。他们有足够的土地支持18.6万平方米的住宅开发，所以王国塔成了这一

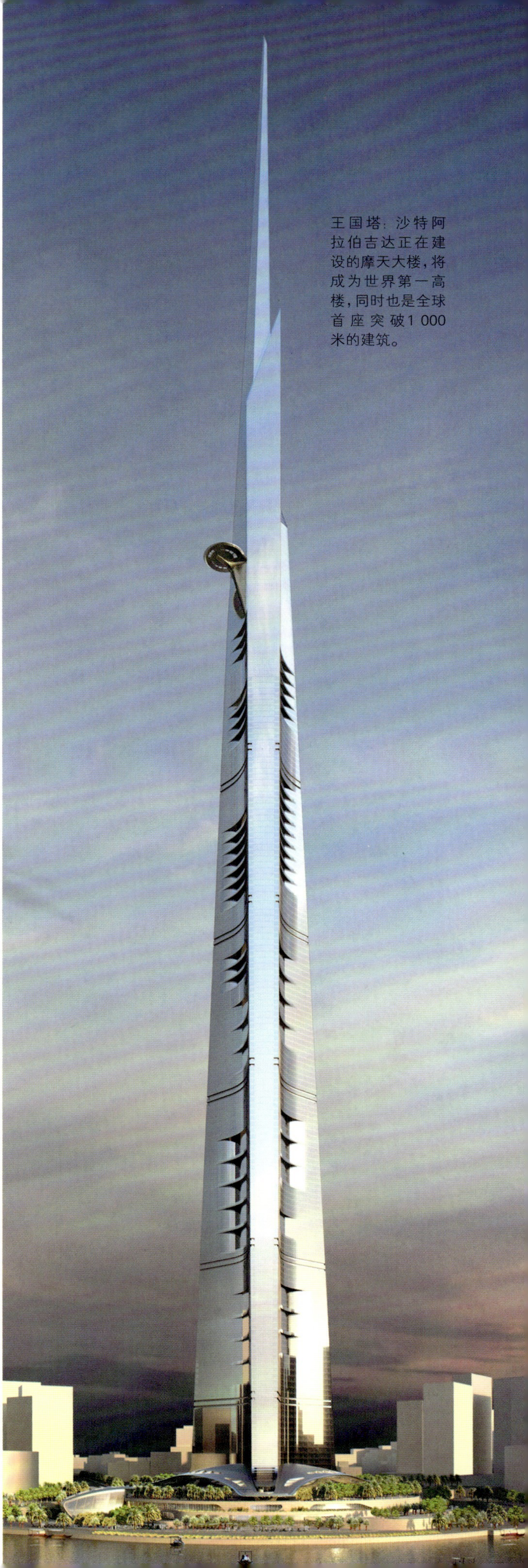

王国塔：沙特阿拉伯吉达正在建设的摩天大楼，将成为世界第一高楼，同时也是全球首座突破1 000米的建筑。

片新开发地段的催化剂。历史上，吉达是通往麦加的大门，所以王国塔可被视为向圣地致敬的标志。这不是它的建造初衷，但这样的想法是它存在的意义。

杜普雷：回顾过去，迪拜是不是在太短的时间建造了太多的大楼？

史密斯：没错，他们现在逐渐减少开工的工程。我认为"阿拉伯之春"运动更使得人们将迪拜视为中东地区的避风港。因此，很多人都前往迪拜，这是创造新经济的开始。

杜普雷：你认为迪拜会继续发展吗？

史密斯：我觉得它正逐渐走上一个城市正常发展的轨迹，满足越来越多的人对空间的需求。2008年，建造摩天大楼的速度近乎疯狂。任意一座建好的大楼都以天文级的速率一售而空，接下去一周因为通货膨胀，价格变得更高。显然这是经济泡沫在膨胀，所以如今他们采取了更谨慎的措施。他们会继续改善基础设施——大范围运行轻轨，改善高速公路网络，各种公共事业的提升，为长远发展做着准备。

杜普雷：那么这些超高层建筑有什么更重要的意义吗？还是说它们只是象征符号？

史密斯：这些地区的确有发展经济的需求，需要增加就业机会，保持社会稳定。利雅得和吉达是沙特阿拉伯的两座最大的城市，也都是世界上人口增长最快的城市。那里的年轻一代出国读书，拿到学位后回国工作。他们需要找到让青年才俊回国的理由。同样的情况也发生在卡塔尔、迪拜、阿布扎比和沙特阿拉伯等规模较大的地区。他们正在慢慢将社会塑造成型，但一定不是只依赖石油，而是选择可持续性的模式，凭借制造业、旅游业和金融业来实现这一目标。

迪拜塔（2010年）是目前世界第一高楼。

杜普雷：中国在很多方面都是空白的，像100多年前的美国一样。在欧洲发生不了的事，可以在这里发生。

史密斯：对，所以我们在对卫星城市做策划时才如此兴奋。他们有机会创造一些全面的、零耗能的、自给自足的建筑。目标是建造多个卫星城市，带动周围地区，形成城市核心区。这些城市最终人口可以达到3 500万。我们在成都的一片非常棒的城区——天府新区，完成了一处设计。这个项目呈环形，直径约1 300米，可供10万人在其中居住和工作。

杜普雷：这些卫星城市在解决众多人口居住空间的同时，会不会也造成环境污染？

史密斯：的确有可能造成污染。中国政府正在思考同样的问题，他们需要转移四亿人口，但现有的基础建设不足以支撑。因为大城市空间的充分利用和高密集度，人们可以走路去上班，这样就减少了建设停车场和修路的需求。如果人们需要到城区之外，他们可以搭地铁，这对中国中等收入、无力买车的工薪阶层而言非常适合。这样的社区生活模式不仅具有高度可持续性，而且相对效率更高、成本更低。我们在西安也用同样的概念建设了一个城区（由北京万通地产投资），但根据当地需求做了不同的配置，也得了广泛认可。这些卫星城市是未来发展的方向。它们可以在中国继续被复制，对印度、非洲或其他欠发达地区而言，也是值得效仿的模式。能够提供一种范式，教人们以同样的方法建设城市，那正是我们希望达成的。高楼大厦总是很振奋人心，但卫星城才真正有潜力改变众多人口的命运。现在所有人都达成了共识，无论是开发商、市政府，还是我们，做出改变需要的只是时间。

杜普雷：中国摩天大楼爆炸式的发展真的只是刚需，还是也掺杂了民族自豪感在其中？

史密斯：可以从两方面看。的确有很多人们所谓的主流建筑过快地发展——很多三四十层高的大楼至今入住率仍然不高。另一方面是超高层建筑的发展。武汉、成都、北京和上海的超高层建筑已成为当地发展的催化剂。一座城市会选一个开发商建造

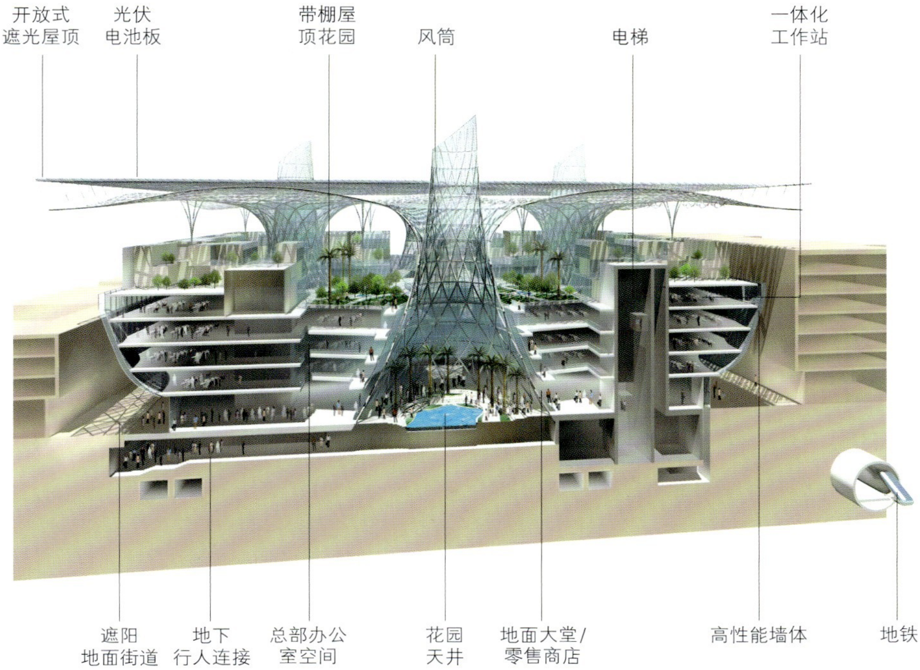

马斯达尔的总部大楼被设计为世界上最环保的综合性建筑，实现了零碳排放、零废弃物。这套建筑处于马斯达尔市中心，是由位于阿布扎比城外的福斯特合伙人公司设计的碳中和建筑。总部大楼的设计风格采用了阿拉伯本土建筑的古典智慧和美学样式，强调自然通风，有遮阳处理，热质量高，带有庭院和绿化。项目的标志性建筑特征是拥有11个风向袋，提供自然通风和降温，将内部庭院打造成绿洲般的怡人地点。这里有世界最大规模的太阳能动力系统，建筑依据其自身的造型也会生成能源。

超高层大楼，然后这个开发商就有权在大楼周围开发一系列地产项目。开发商不是靠这座大楼赚钱，而是靠周围的地产赚钱。他们是以这种机制转让土地的。

杜普雷： 这些是私人开发商吗？

史密斯： 开发商大部分是民营企业。

杜普雷： 中国现在发展如此迅猛，他们从其他国家获得原材料，比方钢铁。

史密斯： 至于原材料，和其他国家一样，问题在于找出何种材料对于超高层建筑来说最有效。我们对于钢材和混凝土等建材要求质量达到特定标准，这就要求制造工艺非常细致，不仅是看载重能力，更重要的是看它的风载能力。给超高层建筑设计做审核的小组被称为专家团，他们十分保守，所以这些建筑是在很大程度上设计过度的，一直如此。

杜普雷： 珠江城大厦当初是被设计成零能耗的建筑，那么它实现了这一指标吗？

史密斯： 实现了一半，因为中国电网不接受珠江城大厦这样过量发电。一座零能耗大楼将创造的能源传输进电网，再按需求将电能从电网输送回大楼。珠江城大厦里设计的从光电板和风轮机产生的能源目前还无法传输至电网。我们还为大厦设计了其他系统，目前还没有启动，以后可能会投入使用。

杜普雷： 我们是不是已经进入关注气候变化的新时期？

史密斯： 转折点正慢慢到来，但如果你不尽己所能去做出改变，这种转折只能发生得更慢。现在重要的是，世界上大约一半的土地已经城镇化，城市的人口越来越密集。也许有人会问，超高层建筑是否真的具有可持续性，还是会更加耗能。要回答这个问题，就必须做一些对比。一个是城市规划的范围。如果你在一平方英里（约260万平方米）之内放20座超高层建筑，而每座建筑可以容纳10 000 ~ 20 000人，那么你就创造了一个能容纳50万 ~ 100万人口的城市，这些居民居住的空间彼此非常之近。他们之中很多人的工作就是在大楼里提供服务的，所以去外面买东西的时间也就减少了。在楼里，最有效的交通工具是电梯。电梯利用电能升高，但下降时会再积累能量。

杜普雷： 威利斯大厦的改造工程进展如何？如果能将这座大楼变得更环保，对美国人来说应该是件大好事。

史密斯： 威利斯的业主希望我们将它改造得更加节能。我们计划绿化楼顶，在顶部加装光电板，一些边角上的顶部可以安装风轮机。我们在想办法给大楼做双层玻璃，或者加一层日光屏。我们所做的就是希望利用自然的力量，风能、太阳能和地热能。威利斯大厦曾尝试通过税收增额融资的方式从市政府拿到资助。当时戴利市长非常支持，但他在任期间并没有能够实施。关于威利斯大厦降低能耗所涉及的改造问题，他们一项都没有落实。但是，我们现在有一项工程是参与其中的——芝加哥都会规划部的芝加哥商业楼盘改造计划（Retrofit Chicago Commercial Building Initiative），为大楼提供可行性研究和改善建议，使这些大型建筑能节约近20%的能耗。我们对威利斯大厦做了这样的工作，未来还会对芝加哥很多建筑做同样的工作。虽然这是一个大规模的改造计划，但开发商需要时间分阶段去完成这些工程。税务减免也是研究的一部分。我们做了财务分析，看能给这些大楼省下多少钱。芝加哥都会规划部对这件事起到了很大的推动作用。大部分业主都对有机会得到免费的可行性研究表示赞许。他们节能低碳对国家发展、个人健康都有好处。

杜普雷：公司的利益归于开发商和房主。想被定义为先锋型的公司，就要在可持续发展方面多投入精力。

史密斯：是的，房主的需求也起到了带动作用。为了实现可持续发展的目标，全国各地城市都在设定自己的目标。开发商从高度可持续性建筑上面看到了投资回报。如今，开发商正要求能源与环境设计金奖认证，以前他们只是要求得到一般的认证。中国也有一个改版了的能源与环境设计认证体系，他们要争取的是金奖甚至铂金奖。我们还没有看到沙特有类似的严格标准，但我想在将来随着更多大楼的出现，会有这样的认证标准出台。

杜普雷：不难看到，这些年来建筑越来越凸显个性了。

武汉绿地中心（预计2016年竣工）共119层，是一座综合性大厦，外观主要有三种形状——主体下粗上细，转角呈流线型，顶部是穹顶，这样的设计可以减小风压，空气动力学也使得结构材料用量降到最低。

史密斯：建筑既被视作娱乐设施，也被视作实用的场所，人们对建筑的认知度也在提升。如果建造合理，那么这座建筑就会带动经济。但是每一座毕尔巴鄂这样的城市都有许许多多不理想的项目，客户没有投入应有的资源将它造得更合理，建筑师也没有投入足够的才华将其设计得更完善。这种现象对一个新兴城市来说很危险，是对城市美学的破坏。它制造了一种不和谐的视觉体验，而没有交响乐一般的默契配合。我不予过多评论，因为在这些新兴城市好像真的出现了一些和我们过去认知中的城市建筑形成极端反差的建筑。说来也是个讽刺，这一场接一场的建筑奇观倒构成了一个城市的新形式。

杜普雷：你的标志性建筑理念就是与环境相匹配。但摩天大楼是穿破云层的建筑，不是人行道，好

特朗普国际大厦酒店（2009年）是史密斯在SOM事务所工作时设计的，由高度参差的三部分构成。它的外观形态与芝加哥河边比邻的大楼（即瑞格利大厦、百丽广场、河畔公寓，以及北沃巴什330号大厦）交相辉映。大厦专门做出相应规划，在整体工程结束之前，酒店和停车场就可以投入使用，所以这座超高层建筑在建造期间就已开始盈利。

AS+GG 建筑师事务所对天府生态城的宏伟构想，是将它建设成为自给自足、对环境敏感的成都卫星城。天府将为 80 000 人提供生活空间，15 分钟可以步行到达所有想去的地方，无须开车。城区一半以上的土地将用于打造城市绿地。

像很难与环境相融合。

史密斯：我受教于强烈的后现代都市主义背景，希望将建筑融入环境，实现这种理念就需要做多种多样的尝试。我们开始从建筑的节能表现方面审视环境，以及如何利用场地的具体环境挖掘能源。几乎每个地方都有建筑可以汲取的能源元素，比方太阳能、风能、地热能等，这样一来，在一系列条件下，就可以将一处建筑背景延伸成为更大的格局。太阳能、风能、水资源、当地盛产的原材料，以及潜在的地热条件，都是人类在最初设计居所时考虑的环境因素。我们现在尝试像设计汽车轮船一样设计一座大楼，尽可能节省能源，并发掘可再生能源。这种理念为我们创造了新的美学。

杜普雷：目前你与工程师们的合作是不是越来越倾向于将可持续性设计开发到极致？

史密斯：这在建造超高层建筑时非常重要。人们总是一段时间用某种方式做事，过一段时间却换成另一种完全不同的方式方法。过一段又会有人说："嘿，你以前那么做其实也不赖。"于是又回到原来的方法，继续发展这种做法。设计就是为解决复杂问题而持续不断地寻求新方法的过程。

韩国首尔的龙舞大厦是一座地标性超高层双塔建筑，漂浮于主体之外的斜对角体块为人们提供了生活空间。这种建筑外墙设计是在模拟神龙的鳞片，同时起到通风的作用：相互重叠的盖板之间留有空隙，形成可以控制空气流通的通风口，使得建筑表层可以像动物的皮肤一样"呼吸"。

古代建筑遗产

金字塔

埃及，吉萨

古老的金字塔建造于沙漠之中，它们的照片总是能激发我们的想象。相传金字塔是古埃及太阳神“啦”的后代，太阳神之子的陵墓，是葬区的一部分。最有名的是位于三角洲吉萨的三座大金字塔，由左到右依次是美凯里诺斯（约公元前2500年）、卡夫王（约公元前2530年），以及最高的一座奇阿普斯（约公元前2570年），高达147米，象征着第四王朝的最高权力。它们由2.5吨重的石灰岩石块建造，石料是从尼罗河东岸采集，用船漂流到西岸，因为死者必须被埋葬在太阳落山的地方。金字塔的外表面如今只能从卡夫王的顶部看到。金字塔代表了皇室的至高无上，也是历史上首次将宏伟壮观的建筑作为权力的象征。

帕特农神庙

希腊，雅典

古典时期见证了古希腊最完美的建筑——帕特农神庙（公元前447 ~ 公元前432年）的诞生。帕特农神庙是雅典卫城供奉雅典娜女神的神殿，由大理石建造，形式如一座雕塑，但建造时严格遵守几何学与比例规范。它是希腊追求秩序之美、平衡之美的建筑典范，也体现了希腊人一直以来以这种建筑美学反映个人尊严的理念。他们渐渐发展出多立克柱式、爱奥尼柱式、科林斯柱式，由柱础、柱身和柱顶构成（罗马人后期给多立克柱加了柱础）——这些秩序对于后期组织古典结构很有启发。古典时期建筑的影响如此深远，现代人对其设计元素的熟悉程度几乎与古代人相当。

悬崖宫殿

美国，科罗拉多州，梅萨维德

它是美国最著名的土著建筑，由气候干燥的西南部地区的阿那萨气人（纳瓦霍语，意为“古老的事物”）所建。最大的一处崖壁上的建筑叫做悬崖宫殿（公元1200年），建在61米高的绝壁之上。建筑的选址很有讲究，既能够防卫警戒，又能合理利用能源，根据太阳季节性的位置变化，达到最佳的避暑与取暖功效。悬崖宫殿的建筑用材是由灰泥混合在一起的砂岩和泥浆，整座建筑共有217个多层房间，23个被称作“基瓦”的圆形宗教活动区域。这块遗址是由理查德·韦瑟里尔和查理·梅森在1888年发现的，据说当时这两名牛仔“在寻找离群的牲畜”。1906年，国会议案规定悬崖宫殿受法律保护。为了保护这座砌筑杰作的脆弱结构，现在遗址已不允许游客入内。

蒂卡尔大广场

危地马拉，蒂卡尔

美洲第一座摩天大楼是由玛雅人在其古典时期（公元250 ~公元900年）建造的。玛雅人建造这些宏伟的祭坛，是为了祭拜众神（以及满足历代皇帝的野心）。其中最重要的祭坛就位于蒂卡尔。这张配图只展示了无比壮观的蒂卡尔大广场的一个角落：建筑师估计此处遗址曾坐落着3 000多座类似的建筑结构。让人印象最为深刻的是六座带有神庙的金字塔，高达970米，简直可视作新世界的摩天大楼。金字塔由巨大的岩石芯材覆以石灰岩和灰泥建成，在长期光照之下失去了原有的绚烂色彩。玛雅人在10世纪时神秘地抛弃了繁荣的城市。他们的建筑影响深远，著名建筑师弗兰克·劳埃德·赖特的外立面装饰设计则是该玛雅风格最有力表现。

清水岩庙

马来西亚，云顶高原

有些现代高楼也借鉴了佛塔的层级结构，佛塔在亚洲各个地区都很常见，佛塔的高度代表了天地之间存在宇宙核心的精神信仰。佛塔过去往往是一个村庄的重心所在，后来被开发出世俗的用途，从这个角度上讲，佛塔的确是标准的摩天大楼前身。建筑历史学者何培斌教授发现，中国明朝时期，建造佛塔经常是为了“抵御恶敌”，或是因为“风水先生判断此处需有一座小山”。清水岩庙是对古代佛塔的当代阐释，这座九层的佛塔于1994年建成，位于马来西亚云顶高原的乌鲁卡里山脉之上。这座道观如今已是集休闲、赌场于一体的度假胜地。这正反映了建筑语汇中神圣和丝素的界限越来越模糊，同样的例子还包括台北101大楼、金茂大厦和国油双峰塔。

家庭保险大楼

HOME INSURANCE BUILDING

所在地：美国，伊利诺伊州，芝加哥

建筑师：威廉·勒巴隆·詹尼（WILLIAM LE BARON JENNEY）

建筑师声言欲将家庭保险大楼与巴别塔一较高低。这座建筑被很多人视为第一摩天大楼。

180英尺/55米

12层

钢铁和砖石

建成于1885年
1931年遭到损毁

第一座摩天大楼

钢结构曾经是建筑的催化剂，但你也可能注意过，它也成了建筑本身，当代建筑若缺少了钢结构几乎是无法想象的……

应该说，钢结构的价值相当于古典时期和文艺复兴时期建筑中立柱的价值。

——柯林·罗《建筑评论》，1956年

工程师詹尼在南北战争期间进行学习，成立了芝加哥办公室，后来这里成了“第一批芝加哥学派”的孵化地，培养了一大批建筑师，其中包括路易斯·沙利文、丹尼尔·彭汉、威廉·霍拉伯德，以及马丁·罗什。他们深受亨利·霍布森·理查德森的罗马风格影响，图中位于芝加哥的马歇尔·菲尔德百货明确体现了这一点。

1871年的芝加哥大火借助满城的木质房屋和平原的大风，将市中心商业区的17 450座建筑夷为平地，但大火同时也带来了机遇：仅仅6周之内，就有300多座建筑开始施工。

19世纪中期，铁路的出现使得交通更为便利，随后大量工厂拔地而起，这些因素集中起来，将先锋城市芝加哥塑造成为历史学家刘易斯·芒福德所说的“工业化必然造就的野蛮网络”。1880 ~ 1890年，芝加哥的人口总数翻了一番，市中心地价从每1 000平方米13万美元飙升至90万美元。芝加哥的地理位置更奠定了其命运走向：土地被西北部的芝加哥河、密歇根湖和东南部的铁路划分为九块区域。威廉·勒巴隆·詹尼在1885年欲建造家庭保险大楼之时已别无选择，只能将其建成超高层建筑。

家庭保险大楼是首座内层有防火的金属承重框架的大楼。尽管仍有争议，但学者普遍将其认定为世界第一座摩天大楼。除了金属的内部框架之外，詹尼还应用大量高科技手段和可用材料使大楼的建造成为可能，尤其是电梯的设计，使大楼的层数得以增加。防火材料确保高层的安全，依靠电能提供的光源满足了办公人士的需求。

与传统建筑外部用坚实的砌体结构作为支撑的外壳不同，摩天大楼是依靠内部一整套钢铁支柱支撑所有楼层的重量，重量均匀地落在所有支柱上，而不是落在外墙上。如今外立面的砌体已经失去了结构上的价值。这种新的建筑手段使外墙的厚度变薄，增加了楼层的可用空间，而且因为重量比石头墙轻，所以可以建得更高。脱离传统建筑的限制之后，如今大楼外墙上可以开出很多窗户，让大楼内部尽可能充分地洒进自然光。

虽然家庭保险大楼是按内部框架的方式建成的，但它的外立面还是使用了沉重的角柱石和宽阔的飞檐，这仍是在模仿早期的砌体承重结构。影响詹尼的建筑是由亨利·霍伯桑·理查德森设计的那座已损毁的马歇尔·菲尔德百货（1885 ~ 1887年），19世纪80年代后期芝加哥学派的其他几位建筑师也受其影响颇深。正如威廉·乔迪所言，理查德森罗马风格的石砌建筑摇身一变，变为了家庭保险大楼，这种转变是通过纵向坚实的立柱和横向石条相互交织成的网格状结构实现的。

19世纪末，芝加哥学派文化上的野心以及结构方面的创新已展露无遗。芝加哥是一个充满乐观精神的年轻城市，他们的建筑由富有远见卓识的企业家投资开发，建筑的灵感并非像纽约一样来源于欧洲传统，而是源于城市扩张的意识觉醒，这种扩张是地域和精神层面的双重扩张，自然成为美国的先锋城市。尽管纽约后来在大楼数量上赶超了芝加哥，但芝加哥才是当代摩天大楼的真正发源地。

埃菲尔铁塔

EIFFEL TOWER

所在地：法国，巴黎

建筑师：古斯塔夫·埃菲尔（GUSTAVE EIFFEL）

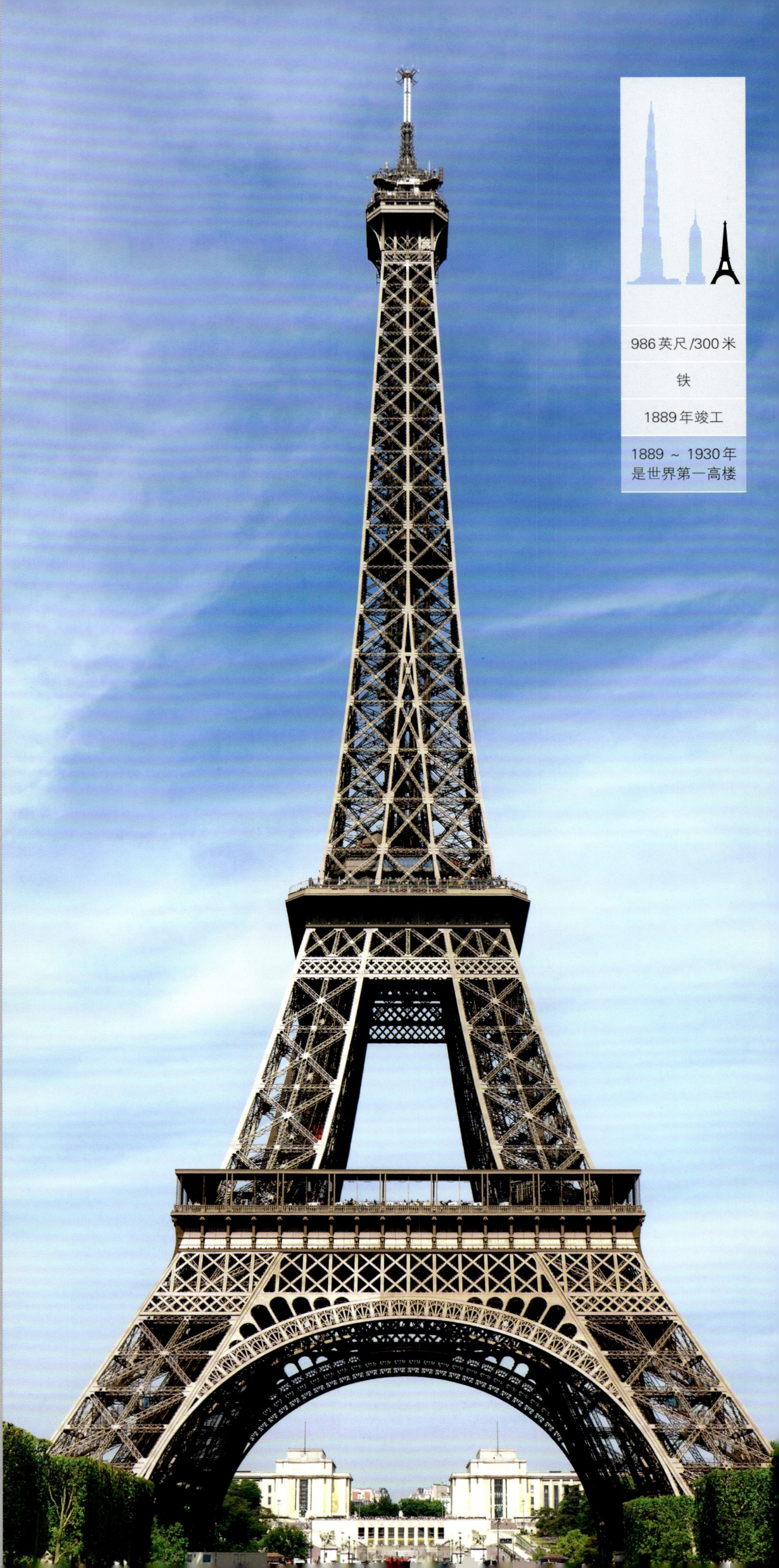

埃菲尔重新定义了塔的功能，如它的最大承载力：它因为构造战胜了风而不是重力而得名。

假如你年轻时有幸在巴黎生活过，那么你此后一生中不论走到哪里她都与你同在，因为巴黎是一席流动的盛宴。

——欧内斯特·海明威《流动的盛宴》(A Moveable Feast)，1964年

埃菲尔铁塔作为世博会最振奋人心的代表性作品，吸引了32 250 297名游客前来驻足：官方将其认定为私人企业与政府合作的象征，工程师认为它是法国工业创新的有力证明，而艺术家们则更多地抛来非议。

埃菲尔铁塔像一张精致的餐桌般四脚落地。每只塔脚的地基由液压调节高矮，使得上面的钢结构可以完美平衡。

1889年，巴黎成了整个世界的中心。那一年，仿佛全世界的人都赶来参加世界博览会，这一届博览会的主题是纪念法国大革命100周年。当时最重要的展品是埃菲尔铁塔——一座令人眩晕的钢架镂空结构，其高度是当时最高建筑华盛顿纪念碑的2倍。工程学的抽象形式首次成为高塔建筑者追求的目标。

古斯塔夫·埃菲尔利用丰富的数学知识，以精确的计算和强大的耐心完成了这一工程学挑战。所有问题都已被他提前设想过、计算过。因为铁塔有各种奇怪的角度和弧度，所有12 000根锻造的钢梁都是单独设计，用于弯折出不同的倾斜角度，承受不同的重量。钢梁铆接在一起，700万个钻孔必须精确地一一和上。为了节省时间，埃菲尔先在工地之外制造好所有的部件，到工地组装，这种方法他在之前建造桥梁时也应用过。游客乘坐电梯到达塔顶，电梯运行的倾斜式轨道最初是建筑过程中起重机的轨道，这也是埃菲尔的工作方法中经济性的另一个范例。

最初有几位艺术家对铁塔表示反对，他们担心大规模复制铁塔的造型会导致个体的独特性消失，埃菲尔铁塔后来还是很快出现在修拉、夏卡尔、毕加索和罗伯特·德劳内等画家的作品里。尚·考克多称之为“左岸的圣母院……巴黎的皇后”，而阿波利奈尔盛赞其为“云中牧羊女”。79年之后，芝加哥约翰·汉考克中心建成，大楼的所有者在房顶安置了一粒时间胶囊，命名为“天石”。这粒时间胶囊里不仅装着一份独立宣言、一件宇航服等物品，还装着埃菲尔铁塔上的一小段钢铁——应该真的是从塔架上取下的。埃菲尔铁塔完全脱离了可用性，却完美地呈现出人类最纯真的渴望——一段通向天空的阶梯，给人提供一个机会爬到高处，鸟瞰四方。

古斯塔夫·埃菲尔(1832 ~ 1923年)

埃菲尔铁塔的设计者就是天才建筑师古斯塔夫·埃菲尔，他是结构设计师，对钢结构拥有深刻的理解和把握，也因此成为其所处时代最杰出的建筑师。他本来计划在第戎的舅舅家开的酿醋工厂打工，但一次家庭争吵使计划作罢，于是年轻的埃菲尔转而到一家铁路器材厂工作，从此走上了建筑这条道路。他在造桥方面掀起了一股革命，最有名的是于1884年建成的加拉比高架桥，埃菲尔铁塔的结构理念也来源于这座桥。埃菲尔还为巴托尔迪的自由女神像设计了内部支撑铁架。

ULM CATHEDRAL

乌尔姆大教堂

所在地：德国，乌尔姆

建筑师：马修斯·伯布林根（MATTHÄUS BÖBLINGER）

乌尔姆令人眩晕的高塔，高度相当于一座50层摩天大楼，建筑表达了至高的权力和无限的虔诚。

528英尺/161米

砖石

1890年竣工

世界最高教堂塔楼

我认为今天的汽车几乎与伟大的哥特式教堂有同样的价值，它们是一个时代的伟大产物，被无名的艺术家创造出来，被所有人当做一件具有纯粹魔力的物品消费——作为一种视觉形象，而非只是实用的交通工具。

——罗兰·巴特《新款雪铁龙》，1957年

“音乐的创造者”毕达哥拉斯正在一边弹琴，一边认真专注地聆听。北侧座位的唱诗班代表古代著名贤人，南侧则是女先知在预言基督的到来。

巨大的空间可同时容纳将近30 000人落座。

1469 ~ 1474年，木工负责人乔格·希尔林组织将唱诗班席位制作完成，这部分雕刻成为大教堂里最宝贵的财富。长凳末端那些变化丰富的图案仿佛也沉浸在这几个世纪的对话之中。

多瑙河岸边耸立着一座华丽的塔式建筑，乌尔姆大教堂。这是本书讲到的唯一一座教堂，不仅因为它的高度傲人（它是世界最高的教堂），更因为它代表了特定时代的统治力量打造的最富有创新精神，结构设计最敢于突破的建筑。换言之，巨大的权力总是拥有最强的建筑师。

中世纪早期，教会权力十分强大，后来才渐渐被资产阶级所取代。公元813年，神圣罗马帝国的查理大帝建造了最初的乌尔姆教堂，归属于赖兴瑙修道院。14世纪，乌尔姆成为中世纪德国最富有的城镇之一。后来这座城市被占领，富裕的中产阶级市民被禁止进入教堂。教堂坐落于城墙之外，周围不受保护。当地的市民以中世纪前所未有的反抗姿态拆除了那座教堂，又在城墙内仿照原样重新建造，这也使得教堂脱离了修道院的管辖。1377年重建教堂计划开始实施之时，埋下第一块基石的不是教会的人，而是乌尔姆市市长。

在当下的速食时代，很难想象用500年建造一样东西是什么概念。设想一下，乌尔姆的唱经楼建好之后，要再花上50年才能将下一步建造需要的石材准备到位。从建筑大师海因里希（Master Heinrich）开始，一代又一代的石匠参与了大教堂的设计。这座伟大的钟楼最初的构想源自建筑师乌尔里希·恩辛格（约1350 ~ 1419年），他的想法颇受当时民众的推崇，因为人们出于虚荣心，想让自己的城市超越其他竞争对手，其中包括著名的斯特拉斯堡。

1474年，马修斯·伯布林根成为建筑设计负责人，他提议将钟楼建得比恩辛格最初设计的更高，但他的结构设计功底无法支撑他的理念，后来他因为没能建好足够结实的支柱而被解职。直到19世纪中叶，伯布林根设计的高大塔尖才建造完成。

哥特式想象的首要特点是明亮，自然是通过改善照明来实现，利用创新的飞扶墙结构，使得墙壁的承重需求降低，可以在墙上穿孔，让光线透进来。同时将其想象为无形的意念，隐喻对上帝的精神追求。乌尔姆的塔身坐落在庞大的基座之上，周身由精确切割的石料组合出繁复的样式。它充分展现了哥特式建筑特有的透明与轻盈，这种空间效果是由一系列精心设计的石工巧妙堆叠而成，塔身直指云霄，任时光荏苒，沧海桑田。

温莱特大厦

WAINWRIGHT BUILDING

所在地：美国，密苏里州，圣路易斯

建筑师：阿德勒和沙利文（ADLER AND SULLIVAN）

随着摩天大楼的建造技术渐趋成熟，建筑审美开始受到人们的关注：我们需要何种外观的高层建筑？

147 英尺 / 45 米

10层

钢铁和砖石

1891 年竣工

高层办公楼的主要特点是什么？当然是高耸入云。它必须很高，因为高度赋予了它力量和威严，挺拔赋予了它荣耀与高傲。它的每一寸身体都裹挟着一种傲气和斗志，从头到脚是一个纯粹地挺立着的整体，不掺杂任何一丝不和谐的线条。

——路易斯·沙利文《高层办公大楼在艺术方面的考虑》，1896年

沙利文"形式追随功能"的理论与他追求建筑艺术的情感鼓舞着一代又一代的建筑师，让他们不再执着于模仿"其他地方或其他时代"的建筑，而试图诠释工业时代的新精神。

为了强化温莱特大厦的垂直效果，并增加视觉上的趣味性，沙利文将覆盖在钢制横梁上的装饰板，或者说是窗肚墙收了回来。

受沃尔特·惠特曼浪漫主义神秘色彩的影响，沙利文认为建筑物是有生命的。他相信建筑物的装饰应当是它的生命力的一种彰显方式，他的学生弗兰克·劳埃德·赖特有一句话恰如其分："并非在建筑物上，而在建筑物中。"通过东墙陶瓦上的雕刻，人们可以感受到他赋予装饰物的生命力。

路易斯·沙利文（1856 ~ 1924年）是一名早期摩天大楼设计方面的伟大理论家，他深谙摩天大楼与先前所有建筑都截然不同的道理。在1880 ~ 1895年的"芝加哥摩天大楼热"时期，他与约翰·威尔伯恩·鲁特一道为这种新建筑制定了一些基本原则，其中之一便是"建筑的结构应当遵循它的功能"。当时国际闻名的"芝加哥建筑派"为20世纪的现代主义播下了重要的种子。

摩天大楼早期的一些相当大胆的创意都来自阿德勒和沙利文的工作室。在许多方面他们都是绝佳的搭档。阿德勒作为一个具有企业家精神的工程师，熟练地掌握着建造摩天大楼的技术，而沙利文身为艺术家和哲学家，拥有着充满激情的眼界，致力于将美与实用价值完美融合。他们一为骨，一为形，合作完成了两百多个项目，尤其是温莱特大厦、芝加哥会堂大厦和布法罗担保大厦都被认为是美国建筑史上的代表性建筑。

在他1896年的经典论文《高层办公大楼在艺术方面的考虑》中，沙利文清晰地阐述了一种办公楼建筑的总体方案。他把这运用到温莱特大厦的设计中，对高层建筑方面的问题做出了第一个完美的回答。先前的建筑设计都旨在削弱高度的重要性，而沙利文这次反而刻意强调了高度。尽管温莱特大厦只有十层楼，但它的外壁垂直竖立着的一根根砖墙柱子让它的高度得以充分张扬。虽然在钢结构的支撑下温莱特大厦拥有了高大的身躯，但它在水平方向依旧分割得当，不同功能分区清晰明了：一个突出的水平带将入口和一、二两层的商店与上面分隔开来，水平带往上是不断延伸的一模一样的办公楼层，一直延伸到被顶层楼的厚飞檐所截断，那里藏有建筑物的机械设备。水平和垂直图案微妙地交错着，让视线能够不断地从墙体的一个部分转移到另一个部分，也让人们感受到了建筑里繁荣忙碌的商业氛围。

沙利文的观点是非常美式的。他想要的是一种能改变和提升社会生活的民主建筑，即一种属于人民的艺术——"从人民中产生，为人民服务"。但在19世纪末，一面身处经济萧条中，一面被伯纳姆在1893年芝加哥"世界哥伦布博览会"设计中所体现的新古典主义的宏伟壮丽所吸引，大多数人开始抗拒沙利文质朴而束缚的理念。阿德勒也在1895年离开了沙利文。在这样士气低落的时候，沙利文绽放出了最后一次异彩，设计了颇具前瞻性的C.P.S.百货公司大厦，并于1904年竣工，但此后他的影响就渐渐衰弱了。

瑞莱斯大厦

RELIANCE BUILDING

所在地：美国，伊利诺伊州，芝加哥

建筑师：伯纳姆及其搭档（BURNHAM AND COMPANY）

它是高瞻远瞩的芝加哥学派建筑师们进行结构创新的最好例子，其特色鲜明的「芝加哥窗户」加速了玻璃幕墙的推广。

202 英尺 / 62 米

15层

钢铁和砖瓦

1894 年竣工

从视觉效果上看，瑞莱斯大厦就好像一个小窗密集的玻璃塔楼。在电灯、阴影和喧嚣声交错的环境中，瑞莱斯大厦比它同时期的任何建筑都能更好地反映当时芝加哥商业发展的原始繁荣。

——威廉姆斯·乔迪《美国建筑和它们的建筑师们》，1976年

该建筑的窗户系统极富革命性。每一层都由连续的“芝加哥窗户”（后来人们的统称）环绕着。每个窗户中间都是一个固定的窗格，两侧各有能够自由开合的小窗格。这些窗户保障了大厦极佳的采光，同时还促进了空气流通。

大厦的建造分为两个阶段，照片上显示的是1894年竣工的第二阶段工程。其中引人注目的一点是，在上面三层租户一边照旧正常营业的情况下，黑尔一边建造底层的楼层，当上面的商户租赁到期后，他保持第一层继续租赁营业，开始往上建筑上面14层楼层。

在与鲁特成为搭档之后，伯纳姆完成了一生中的很多建筑成就，包括蒙纳德诺克大厦（1890 ~ 1893年）和鲁克里大厦（1888年）。几乎可以肯定的是，瑞莱斯大厦颜色单一的立面是受伯纳姆的“白色城市”观点的影响，这个观点也是伯纳姆在1893年芝加哥“世界哥伦布博览会”中经典的核心思想。

早在富有创意的瑞莱斯大厦于1894年竣工前，摩天大楼就已经成了商业的象征。摩天大楼那宏伟而装饰精美的大门无论从现实还是从象征意义来看，都让每一个到来的人印象深刻，同时也确立了摩天大楼作为工作场所的重要地位。

瑞莱斯大厦的与众不同之处在于它的立面大量采用了玻璃材料，且量之大前所未有。它被认为是典型的玻璃幕墙建筑，深深地影响了数十载后的国际建筑风格。它由丹尼尔·伯纳姆和他的搭档鲁特一同设计，鲁特与路易斯·沙利文都是摩天大楼早期发展理论方面的大师。1891年鲁特于41岁逝世后，查尔斯·阿特伍德接替了他的工作，重新设计了瑞莱斯大厦，即我们如今熟知的伯纳姆酒店。

瑞莱斯大厦的所有者威廉·艾勒里·黑尔是在芝加哥大火后重建芝加哥的企业家之一。在此后的建筑热潮中，黑尔捕捉到了刚起步的电梯生意的商业价值。黑尔是一个信念坚定的成功人士，瑞莱斯大厦的技术之所以如此尖端，他在其中功不可没。正如McClier建筑设计事务所负责1994 ~ 1999年修复瑞莱斯大厦的建筑师杰尼·哈伯（Gunny Harboe）所说，瑞莱斯大厦之所以能将玻璃的用量使用到极限，极有可能就是黑尔的主意。

充足的自然光线是高层建筑设计的关键要素之一。随着美国从农业社会进入工业社会，企业开始将其庞大的工厂设施与其行政管理分离，行政管理就被集中到更加昂贵、但更便利的中央市区。对于那些打字、归档和处理越来越多文书工作的办公室人员而言，他们的工作离不开光线。丹尼尔·布卢斯通（Daniel Bluestone）在其一书《芝加哥是怎样建成的》（Constructing Chicago）中将这些白领描述为一种新阶层，“他们的工作受人尊敬，与城市有教养和文明的阶层气质相符”。瑞莱斯大厦的金属框架保障了其独特的立面可以拥有波浪起伏的形状，从而能接收到最充足的光线。

285英尺/87米

21层

钢铁和砖瓦

1902年竣工

熨斗（福勒）大厦

FLATIRON (FULLER) BUILDING

所在地：美国，纽约

建筑师：丹尼尔·伯纳姆（DANIEL H. BURNHAM）

以摩天大楼的标准它并不高，但却非常强大。福勒大厦将非传统的三角地运用到了极致，并常被拿来与家用电器「熨斗」对比，这也是它的昵称「熨斗大厦」的由来。

我正目瞪口呆地欣赏着一栋摩天大楼——在傍晚灯光的映衬下，熨斗大厦如同船首一般，划开了下面百老汇大道和第五大道上车水马龙的海洋。

——赫伯特·乔治·威尔斯，1906年

图为古典主义风格的“1893年世界哥伦比亚博览会”中的一景，它是一届旨在构建“前所未有的更好、更大和更成功企业”的世界博览会。

它是纽约市第一座钢骨建筑。由于熨斗大厦的结构体系很难直接看见，再加上它与众不同的高度，纽约人还曾一度担心它会倾塌。

“23 skiddoo”这个词的来源是23街所作的熨斗大厦草图中有女性撩起了衬裙，警官因此需要“赶走”(skiddoo)那些来窥视的男子。

20世纪来临之际，乔治·富勒建筑公司委托丹尼尔·伯纳姆设计一幢办公楼。此前伯纳姆和他的搭档约翰·威尔伯恩·鲁特曾成功设计过富有创意的瑞莱斯大厦、鲁克里大厦和蒙纳德诺克大厦。结果大厦一设计出来，就因它在第五大道和百老汇大道交叉口间的独特形状而被冠名为“熨斗大厦”。熨斗大厦也是曼哈顿至今尚存的最古老摩天大楼，是闻名海内外的地标之一。

熨斗大厦对于伯纳姆来说似乎是一种风格上的倒退。他一反先前在芝加哥建筑设计时对结构进行生动阐述的偏爱，转而设计了一栋充满文艺复兴时期装饰风格的三角形高楼。值得一提的是，伯纳姆指导了芝加哥“1893年世界哥伦布博览会”的设计，期间他并未推行当时已风靡芝加哥建筑圈20年的现代主义风格，而是为世博会选择了古典主义主题风格。当时很多建筑家，包括路易斯·沙利文在内对此都颇有微词，沙利文曾预言说：“世博会带来的损失会持续半个多世纪”。尽管如此，追溯古典主义之风的世博会在当时给人们带来了完美体验，伯纳姆作为一名工业时代卓越的美国建筑师，证明了自己也可以完美展现欧洲文化。

和随后的伍尔沃斯大厦以及其他大楼一样，熨斗大厦洋溢着哥特风和文艺复兴主题。这个时期摩天大楼的开发商都是城市里一些白手起家的富豪——阿斯特家族、摩根家族和范德比尔特家族。他们自诩为文艺复兴的贵族富商，聘请建筑师们查阅大量史料，从中寻觅出能象征他们贵族地位的宏伟元素。熨斗大厦的设计采用的是“布杂学院派”(Beaux Arts)风格，即巴黎美术学院风，18世纪晚期的一些著名建筑师曾在那里为设计出复古风格的建筑进行过训练。熨斗大厦的22层楼如同一个古典希腊柱，被分为下、中、上三个部分。底层的3层长窗户和粗琢的石灰石从视觉上固定了整个建筑，中间中轴上细致饰面处理为建筑借入了很好的采光。顶部是两层立柱支撑的拱形装饰楼层，其上装饰有一个精美的飞檐，于视觉上形成了一个完美的收尾。

熨斗大厦之所以如此充满诗意而成就辉煌，很大程度上要归功于伯纳姆对这个不规则形状的场地采取了非主流的做法。他抛弃了尖锐的边角，将转角处钝化，让人仿佛看到了一个独立的巨大罗马柱。这栋震撼人心的三角形高楼到达顶端时仅有1.8米宽，与邻近的建筑拉开了距离，视线一览无余。数年来，即便城市里的煤尘似乎都格外眷顾它：虽然很多煤尘已经钻入了陶瓦雕花和希腊式雕刻的缝隙里中，但这并未有损熨斗大厦的风采，反而为它增添了独特的魅力。

大都会人寿保险大楼

METROPOLITAN LIFE INSURANCE TOWER

所在地：美国，纽约

建筑师：拿破仑·勒布伦父子建筑事务所

（NAPOLEON LEBRUN & SONS）

它是威尼斯圣马可广场钟楼的完美复制。20世纪60年代的修缮中，其楼顶除去了很多意大利风格的细节，但钟被保留了原样，上面的数字有1.2米高。

700英尺/213米

50层

钢铁和石灰石

1909年竣工

1909 ~ 1913年是世界第一高楼

我们是“塔楼”的守护者/守护着它笼罩的光芒/这正是我们的力量——它的高度无与伦比/它的壮观和美丽/将会引导着我们的心意/如此坚定而忠诚/向着那“永不熄灭之光”。

——《大都会之歌》

圆屋顶的穹顶下有4个铜钟，重达0.7～3.2吨，每隔一刻钟敲响一次。楼顶的灯塔在数公里外都可以看见。

大都会人寿保险公司11层楼高的白色大理石总部由Napoleon LeBrun & Sons建筑事务所设计，于1893年开放。在这座大楼1909年竣工后，该公司还扩建了5幢设计风格类似的建筑，这些建筑于20世纪50年代被毁坏，之后替换为一座石灰石建筑。

图中带着白帽钻着大楼最后一个铆钉的人正是赫格曼，象征着大楼在1909年顺利竣工。4年后，赫格曼被控告，但最终免于不正当保险行为罪。一些人认为或许大楼就是他无罪的证明。

也许是曼哈顿商业区周边嘈杂刺耳的环境迫使下，城区的居民迁移至麦迪逊大道的上城区。毕竟，那里有史上闻名的麦迪逊广场公园和共和党长期驻扎的第五大道宾馆；有麦迪逊广场的基督教长老会教堂，在它的布道坛上令人尊敬的查尔斯·帕克赫斯特发起了道德谴责从而终止了特维德（Boss Tweed）的统治；还有Mckim, Mead & White建筑事务所设计的如今已完成重建的麦迪逊广场花园，它坐落在菲尼亚斯·泰勒·巴纳姆曾兴办怪物古典地质竞技场（Monster Classical and Geological Hippodrome）表演的旧址上。

这一切改变发生在1890年，上流社会的大都会人寿保险公司将新总部建在了麦迪逊公园的东部，因为比较偏僻，所以这里之前没有兴建过任何办公楼。大都会人寿保险公司创立于1868年，在约瑟夫·纳普总裁的管理下开始飞速发展，纳普开创了向移民美国的工作者销售保险的先河，抓准了这些移民者的健康对他们家庭至关重要的特点。这种做法随后大获成功，也使得他的公司截至1909年成了全国最大的人寿保险公司。

约翰·罗杰斯·赫格曼这位大都会人寿保险派头十足的总裁1891年开始接管公司直到1919年逝世，他意识到公司总部建筑气派非凡的价值，于是想将公司建筑群扩大到整个街区。1907年，他聘用拿破仑·勒布伦父子建筑事务所设计高楼。拿破仑先生的儿子皮埃尔在设计中追求风格统一而不喜创新。他环游欧洲，为新成立的大都会艺术博物馆收集了建筑样本，随后他把学到的建筑细节融入到当时设计的这栋世界第一高楼中。这栋50层的塔楼顶端有一个金字塔尖、圆屋顶和阳台。

正如大都会人寿保险大厦复制了16世纪威尼斯圣马可广场上的钟楼，复制历史上著名的建筑意味着摩天大楼越来越具有时代象征意义。保罗·哥德伯格曾说过，大都会人寿保险的新大楼巩固了企业的地位，它大量复制原有的经典建筑，证明了在20世纪里企业不再仅仅是文化的守卫者，同样也是文化的拥有者。

1960年，Morgan & Meroni建筑事务所翻修了这栋大楼，剥下了立面上大多数白色茯苓大理石（Tuckahoe marble）以及建筑装饰，重装上了石灰石。不过他们保留了4个重要的钟面，钟面四周被意大利文艺复兴时期经典的花环和雕花围绕着。另外一次整修于2003年完工，包括为圆屋顶重新镀金、更换大理石和瓷砖等，最引人注目的是为大楼安装了由Horton Lees Brogde照明设计公司设计的全新照明系统，这让塔顶沐浴在彩色的灯光里。2003年，最后一个大都会人寿保险公司的员工搬离了大楼。作为国家级历史著名地标，大都会人寿保险大楼在过去一个世纪里都是曼哈顿城市剪影里重要的一笔。

伍尔沃斯大楼

WOOLWORTH BUILDING

所在地：美国，纽约

建筑师：卡斯·吉尔伯特（CASS GILBERT）

从曼哈顿下城区的街道上眺望，这个「斤斤计较先生」，伍尔沃斯帝国的华丽纪念碑会被立刻冠上「商业大教堂」的美誉。

792英尺/241米

57层

钢铁和砖瓦

1913年竣工

1913～1930年是世界第一高楼

建筑师们把银行建成神殿，把摩天大楼建成教堂，把麦迪逊广场上的办公楼建成威尼斯钟楼——但这一切天马行空的改变都为他们赢得了至高无上的荣誉。

——哈格·费瑞斯《建筑中的力量》，1953年

（左图）图为卡斯·吉尔伯特为伍尔沃斯大楼画的初稿，他说哥特风格给予了他“表达最深层次渴望的可能性……楼层越高，精神上的终极吸引力就越来越强烈”。

（右图）看着它内部装饰华丽的木质和大理石地面，闪亮的金子和绿松石点缀的水磨石天花板和镀金的花饰窗格，你就能明白为什么在它竣工时会被冠以“商业大教堂”之名。

“他是怎么做到的？”一名女佣一边望着弗兰克·伍尔沃斯华丽的新总部大楼一边问身边的同伴。“很简单”，另一名女佣答道：“只要你出一分钱，我出一分钱。”这段对话正体现了伍尔沃斯的天赋所在，他改革了原先的商业模式，创立了自己的零售标准，比如给摆放在最受欢迎位置的商品统一定价等。伍尔沃斯于1879年开了自己的第一家商店，他一直以五到十美分的价格售卖各种商品，小到雨伞大到“超大只金鱼”，无所不卖。伍尔沃斯竞争意识强烈并十分追求细节，他每天都给自己的员工写信，在1891年的一封信里他曾说过“不是销售量也不是荣誉，利润才是我们奋斗的目标”。

尽管伍尔沃斯大楼大厅内雕刻的漫画似乎可以理解为体现了它的主人攥紧毫厘，惜金如命，但伍尔沃斯却一点不吝啬。他非常了解与员工共同分享利润的价值，还首创了带薪休假和圣诞节奖金这些工作福利。1912年，他将自己的财富与其他五个零售商的一道，一共6 500万美元作为展开建造曼哈顿建筑史上这一杰作的资金。像他自己的客户一样，伍尔沃斯用现金支付了建造大楼的费用——共1 350万美元。

他将地址选择在了自己心仪了数年的百老汇大街和帕克广场上一个地理位置极佳、面向公园的地方，这个选择如今看来很有先见之明。2012年，Alchemy Properties房地产公司购买了顶上30层楼，将其开发成拥有独立产权的豪华公寓，供那些财力雄厚、喜欢地标建筑和爱慕其声望的富豪购买；低层的楼层由维特科夫集团和坎默比国际公司所有，将会继续作为办公区域出租。

伍尔沃斯大楼的建筑师卡斯·吉尔伯特于1907年设计了同样坐落在曼哈顿下城区的学院派美国海关馆后，就在国内声名鹊起。他当时的挑战是要将传统美学融入到办公大楼里。伍尔沃斯大楼为后来的城市摩天大楼提供了一种全新的审美角度。它的底部是一个实用的U形拱，能最大程度地透入自然光线。之后它一路螺旋向上，充斥着纯正的哥特式风格的拱形、尖顶、飞起的扶壁和怪兽状滴水嘴。借鉴哥特式风格是吉尔伯特的一种解救办法，能够保障超高层建筑直插云霄的同时还与经典的形式紧密联系，满足了公民对于高贵的追求。因此，伍尔沃斯大楼是一个20世纪建筑体系下的大楼，外表却披着15世纪哥特风格的装饰。

1919年，《纽约太阳报》在为伍尔沃斯写的讣告中说：“他赢得了很大一笔财富，而这并不体现在他将小东西卖出了多少钱，而是他用薄利销售出了如此多的产品。”高瞻远瞩的伍尔沃斯大楼超越了纯粹的经济范畴，在纷繁的纽约城市剪影中依旧让人眼前一亮。

论坛报大厦

TRIBUNE TOWER

所在地：美国，伊利诺伊州，芝加哥

建筑师：约翰·米德·豪威尔斯和雷蒙德·胡德（JOHN M. HOWELLS AND RAYMOND HOOD）

462 英尺 /141 米

34 层

钢铁和石灰石

1925 年竣工

论坛报大厦的设计是在一次建筑竞赛中脱颖而出的。它是芝加哥的地标建筑之一，它的表面装饰着一层精致的哥特式扶壁。

这场竞赛被认为是本世纪初建筑界最重大的事件之一，它就好像一场世界建筑博览会。

——保罗·戈德伯格《摩天大楼》，1981年

论坛报大厦在墙上嵌入了很多著名的石头，图中的这块石头取自埃及吉萨大金字塔。

格罗皮乌斯的参赛作品既遵循了芝加哥摩天大楼的体系，又与“国际风格”相吻合。他在德国魏玛创立了著名的包豪斯学校，一直相信所有设计最终都应该能实现批量生产。

位列第2的沙里宁作品表达了从人行道到地平线的纵深发展理念。横向的设计、突出的屋檐在历史上首次遭到淘汰。沙里宁那些不装饰性的简洁线条即将成为20世纪90年代摩天大楼的设计标准。

《芝加哥论坛报》邀请全世界的建筑师设计一栋新大楼，这是一战后10年内建筑界中最重大的事件。然而有趣的是，无论是这场竞赛的获胜者还是后来的摩天大楼建筑师们，却都是从失败者的设计中学到了更多东西。

1922年，《芝加哥论坛报》举办了一次大规模的国际设计竞赛，希望能获得“世界上最漂亮不凡的办公大楼”。这次竞赛奖金高达50 000美元，获胜者还能赢得在芝加哥中心城区的核心位置设计大楼的机会，因此吸引来了近300名参赛者。参赛方案的设计理念从文艺复兴到各个时期不等，覆盖范围如此之广，也间接反映了那个时期摩天大楼设计风格并无统一标准。

竞赛的第一名是当时名气不大的建筑师约翰·米德·豪威尔斯和雷蒙德·胡德，他们的设计是大家熟悉的哥特风格。结果公布后，当时的批评家认为豪威尔斯和胡德的获胜是因为他们贴合了观念保守的评委的理念，这些评委普遍排斥创新前卫的“芝加哥学派”。正如胡德所说，论坛报大厦建筑的时期正是“精致华丽的装饰风格盛行之时”。当然哥特式风格也是摩天大楼设计中一种合适的方式，论坛报大厦的设计简洁流畅、思路清晰，这些特点包括它的三维设计理念在内也被后来者所追随。

与此同时，一场“新恋情”正在战后的欧洲萌芽。人们开始喜欢上了井然有序的机器功能，随着建筑结构方面的技术愈发先进，欧洲的前卫派设计师都开始尝试抛弃复古的传统设计，进而寻求一种结构和功能都很简洁的全新建筑设计风格。之后欧洲人开始大力宣传这种现代化的建筑，即“国际化风格”，并利用自身在国际市场和国际竞赛中的先天性优势宣传他们的理念。论坛报大厦也有很多参赛作品体现了这场新运动，其中最著名的就是伊利尔·沙里宁和瓦尔特·格罗皮乌斯的设计。

沙里宁离成功只有一步之遥。最后，竞赛的评委还是选择了豪威尔斯和胡德的设计并为他们颁发了第一名。沙里宁不朽的回退设计（stepped-back design）对未来的摩天大楼产生了重要影响，尤其是这场比赛中的年轻获胜者雷蒙德·胡德，他曾对沙里宁的设计没有胜出而感到非常遗憾。而胡德也并未忘记这次学习经历，从他后来设计的暖炉大楼（the American Radiator Building）、每日新闻大厦（the Daily News Building）和最为杰出的洛克菲勒中心（Rockefeller Center）都可以看到沙里宁设计的影子。

纽约城市发展轨迹

曼哈顿的街道网络成型于1811年，网格交错的狭小区域内密布着曼哈顿的商业地产。但此刻的限制还停留在地面上，19世纪摩天大楼分割空域的时代还没有开启。

三一教堂（1846年）是一簇华尔街商业大楼中来自教会的绚烂一笔。直到1892年，它高达87米的尖顶都曾一度是纽约的制高点。此后它被公园街普利策大楼所替代。

布鲁克林大桥（1867 ~ 1883年）由工程师约翰·A·罗布林策划建造。大桥高耸的哥特式拱门提升了曼哈顿的视线，并成为纽约市早期的天际线标志之一，丝毫不亚于任何后来的摩天大楼。

这张1902年拍摄的照片展示了曼哈顿下城区当时正在建造的地铁，作为资产阶级的一种典型基础设施，它支持着地面上代表着美国梦的繁荣城市和发达经济。

41层高的胜家大厦（1908年竣工，现已毁坏）刷新了钢结构建筑的所有历史高度。它夸张的轮廓标志着摩天大楼作为资本主义象征的开端。

高层建筑的大肆兴起得益于土地开始越来越昂贵，也越来越有限。大都会人寿保险大厦（1909年）和伍尔沃斯大厦（1913年）的高度都源自人们对于建造世界第一高楼的追求。

1963年，McKim, Mead & White's建筑事务所设计的宾夕法尼亚车站（1911年）被夷为平地，这场悲剧唯一好处就是让人们提高了对地标建筑的保护意识。

芝加哥早期摩天大楼一直在探索为高层建筑重新定义一个独特设计风格，但布扎艺术的市政大楼（1914年）还是采用了复古形式，如今看来反而更醒目。

高达166米的公正大厦（1915年）占据了所在街道的阳光，阻碍了空气流通，随后在1916年，美国出台了第一部《市区划分令》，要求某一特定高度以上的建筑需要退离其他建筑，限制了大型建筑对周边造成的压力。

美国暖炉大厦（1924年）通体黑色优美，外形像一个“婚礼蛋糕”，这种外形在1916年颁布了《市区划分令》后十分普遍，它的电镀轮廓也是20世纪50年代前纽约摩天大楼里颇具代表性的一种。

帝国大厦，以及图片上位于它前面的人寿保险大厦都是曼哈顿建筑中的精华。美国经济大萧条的到来将会使得摩天大楼的建筑停滞不前。

20世纪30年代颇具个性的阿斯托利亚·华尔道夫大楼（1931年）和通用电气大厦（1931年）在40年时间里都一直逊色于“国际风格”的建筑。1977年竣工的花旗集团中心标志着摩天大楼开始向独立的个性化回归。

大萧条和第二次世界大战期间唯一建起来的大型私人建筑是都市化而生机勃勃的洛克菲勒中心（1940年）。它综合考虑了公司建筑和公共用地的需要，因而倍受欢迎。

1935年访问美国后，勒·柯布西耶认为摩天大楼都“太小了”。曼哈顿唯一一个这位现代主义大师参与设计的建筑是联合国总部大楼（1947年），其细长的楼面设计就来自于大师的草图。

现代主义的西格拉姆大厦（1958年）是美国公司大楼设计中的里程碑。为了防止违反城区划分令并与公园大道隔开一定距离，它占地面积仅有购买土地面积的25%。

花旗集团中心（1977年）时髦的斜坡顶部为战后主导着公司大楼的“玻璃箱子”式建筑风格画上了句号。它留出的公共活动空间体现了公司的利益同时也能服务于大众的利益。

川普大厦（1983年）由业界大亨唐纳德·川普在混乱的20世纪80年代建造，象征着这个世纪过度的颓丧。川普大厦两次被提议建为世界第一高楼，但两次均未获成功。

世界金融中心（1988年）是西塞·佩里设计的多功能大楼，拥有大量的艺术作品展览，一个温室的冬之花园，还有滨水的休憩地。象征着曼哈顿传统街区的复兴。

20世纪90年代，开发商意识到“上面有签名的建筑”可以卖得更好。因此纽约全市的豪华大楼当时随处可见粗体的名人名字，比如“Meier”，“Gehry”，“Portzamparc” 和“Stern”，它们为建筑带来了品牌效应。

在世贸大厦这幢人类历史上被毁坏的最大建筑倒塌后，人们震惊地发现世贸大厦在这场悲剧后已经变成残垣断壁了。

这座高架公园从甘斯沃尔特大街延伸到曼哈顿西街34号，长2.3公里。它建在一个废弃的高架铁路上，自2009年开放起就倍受欢迎。它给摩天大楼提供了一种全新的思路。

2012年飓风桑迪席卷了美国东岸，曼哈顿下城区部分被淹没，这也敦促人们重新思考基础设施建设在大自然的变化来临时要如何应对。

布莱恩特公园对面的美国银行大楼获得了LEED白金认证，是世界上最环保的超高层建筑之一，它为这座城市设立了新的绿色标准。

为了满足人们对于光线和视野贪得无厌的欲望，摩天大楼的开发商常会购买上空使用权。获得许可后，他们能够使用旁边高度相对较低的建筑上方多余的空间。

巴克利·威谢大厦

BARCLAY-VESEY BUILDING

所在地：美国，纽约

建筑师：麦肯兹·伍利·格姆林建筑公司，拉尔夫·沃克
(RALPH WALKER OF MCKENZIE, VOORHEES & GMELIN)

巴克利·威谢大厦外形大胆、装饰丰富（图案包括树叶、花朵、青蛙、鹈鹕和其他一些非传统象征物），它是首座装饰艺术风格的摩天大楼。

498英尺/152米

32层

钢铁和砖石

1926年竣工

爱默生告诉了我们不必再去建造前人的坟墓，而要建造自己的房子。
巴克利·威谢大厦正是如今我们建造属于自己的房子的一次尝试。

——拉尔夫·沃克《电话综述》，1926年

1927年的巴克利·威谢大厦。

为了达到视觉上的统一，也为了缓和建筑突兀的顿挫，沃克对垂直的柱子进行了强化处理，并用对比鲜明的砖石将它们连接起来。他还充分利用了机器生产的优势，比如大楼上层装饰中那些栩栩如生的象头和菠萝就是用铸石做出来的。

和沙利文一样，沃克认为装饰能丰富建筑物的纹理，让它变得更有人情味。但他认为传统的装饰没有太大意义。巴克利·威谢大楼的表面装饰中富含各类水果、蔬菜、海上生活和鸟类等，开创了装饰艺术运动中用有机物做装饰的先河。

曼哈顿下城区的街道中坐落着一幢饱受赞誉、体型庞大的瑰宝：巴克利·威谢大厦，它是美国装饰艺术风格的一件杰作。巴克利·威谢大厦由纽约电话公司委托麦肯兹·伍利·格姆林建筑公司设计，如今是威瑞森公司电信业务的大本营。大厦的巨大声望迅速提升了它的年轻设计师拉尔夫·沃克的地位，让他很快成了所在建筑公司的合伙人。

沃克曾经说过，他希望将巴克利·威谢大厦设计得“像内部运营的电话业务一般现代化”。他有两个最基本的设计理念：一是将经济做为好的建筑设计的基础，二是真正的现代风格只能通过机器操作来实现。巴克利·威谢大厦建成之时，无论它的体块还是它的装饰细节在过去的设计中都无迹可寻。这座非凡的建筑垂直有力、威严雄伟。1923年英文版的勒·柯布西耶现代主义宣言《走向新建筑》的封面中就有巴克利·威谢大厦，它在建筑创新里的重要地位由此可见一斑。

巴克利·威谢大厦也是第一座全面利用纽约市1916年《市区划分令》的建筑。这项法令的颁布是希望减少新摩天大楼带来的交通阻塞、光线不足和安全威胁。哈格·费瑞斯在他1922年著名透视图中也绘制了一些金字塔形的建筑，对法令做出形象化的说明，并引出了控制建筑高度和体积的“婚礼蛋糕式”（wedding cake）避让方法。巴克利·威谢大厦的设计收回了第10层和第17层，满足了主要的避让要求，不过依旧让其楼顶自由地向空中延伸。这座大楼的外形既受到了费瑞斯的影响，又与伊利尔·沙里宁1922年芝加哥论坛报大厦参赛作品以及沃克自己的参赛作品十分神似。

在电话行业的大力推动下，这座占地4 831平方米的大楼占据了一整个街区。因为通信业务大多只需要人造光，所以如此庞大的大楼得以由整块整块的砖石砌成。初设阶段建筑师们研究了造价和高度的关系，高度越高，每平方英尺土地成本越低；但当高度到达一定程度时，成本反而会随之上升。最终高度被确定为32层，也是最经济实用的。

最初大厦靠近西街的一部分位于水下。19世纪早期为了提高曼哈顿港口的吞吐量，哈德逊河的水被注满至河岸。在这幢摩天大楼挖地基时，人们发现了很多早期荷兰移民者的遗址，其中还有一个保存完好的古老捕鲸船的橡木龙骨。这片区域的航海史也被记录在了这幢摩天大楼外壁的精美雕刻中。

因为紧靠世贸大厦，“9·11”事件后，大厦也遭遇了毁灭性的结构和外表损害，但它并未倒塌。重建工程需要小心翼翼地重现石灰石外框上的雕刻和青铜铸件，这些都是1926年手工艺，它们为这座装饰艺术的摩天大楼增添永恒的熠熠光彩。

克莱斯勒大厦

CHRYSLER BUILDING

所在地：美国，纽约

建筑师：威廉·凡·阿伦（WILLIAM VAN ALEN）

1 046 英尺/319 米

77 层

钢铁、砖石和不锈钢

1930 年竣工

1930 ～ 1931 年是世界第一高楼

克莱斯勒大厦的尖顶曾藏于「隐身斗篷」之下，但它一现身就为克莱斯特大厦摘得了世界第一高楼的桂冠，同时还为它赢得了世界上最美摩天大楼的赞誉。

克莱斯勒大厦的优良品质得益于它发挥得恰到好处：既浪漫又感性，但一点也不荒唐可笑。它在一众幻想的作品里保持了自己的一丝清醒——就像纽约这座城市一样。

——保罗·哥德伯格《城市观察：纽约》，1979年

凡·阿伦因其颇具戏剧色彩的设计而被称作"建筑界的齐格菲尔德"。图为他的妻子在1931年学院派舞会上充满爱慕地看着他，这次舞会上著名建筑设计师都受邀打扮成自己建筑的样子。

在这张1936年拍摄的照片中，大厅曾被用来作为克莱斯勒汽车的展示间。大厅里装饰着来自世界各地的各色花纹的大理石和花岗岩。

这个滴水嘴模仿的是1929年克莱斯勒普利茅斯旗下的发动机罩装饰物。图中是摄影师玛格丽特·伯克·怀特在接近其中一个滴水嘴的上方，玛格丽特在摄影界一直以追求完美的"拼命三郎"而闻名。

它是所有摩天大楼中的女主角。顶部装饰华美的克莱斯勒大厦一直都在纽约的天际线里艳压群芳。克莱斯勒大厦华丽的装饰反映了美国咆哮的19世纪20年代已达到白热化状态，那时的纽约处处洋溢着对爵士乐的激情，并沉醉于自己的超级大都会形象。

对于很多人来说，这正是后来典型的"装饰艺术风格"。在1925年巴黎举办的国际装饰艺术及现代工艺博览会上，装饰艺术开始流行起来——它是一种全新的摩天大楼时尚风格。这种风格虽然现代化，但并没有很抽象，因而普通大众也能够欣赏。在为卡拉·布里斯（Carla Breeze）的《纽约装饰艺术》所写的前言中，罗斯玛丽·哈格·布赖特（Rosemarie Haag Bletter）描绘了装饰艺术的种种来历，她说："（装饰风格）既有维也纳建筑中所追求的几何化，也有德国表现主义里的尖锐角度；既有未来派建筑的活力，也有立体主义艺术学院派的影子；同时还兼具对弗兰克·劳埃德·赖特设计主题的几何抽象……以及剧院和电影中的灯光和戏剧效果。"

高层建筑一直都是彰显地位的绝佳选择，这句话在这里用于汽车制造业巨头沃尔特·克莱斯勒再合适不过了。1930年克莱斯勒大厦的初版展示册中将其功能描述为"无比高效、干净、舒适，是人类能独创的和金钱能买到的最好灵感"。

摩天大楼展示了它们所承载的行业的特点，但随着它们体积越来越大，人们已经很难全面了解整个建筑了。鉴于这个现象，克莱斯勒大厦在街区里精心安排了体验活动。路人被邀请踏入迎宾大门，在建筑内部充分欣赏装饰豪华和灯火通明的厅堂。克莱斯勒大厦闪亮的顶部在数英里外就清晰可见，宣扬着克莱斯勒公司（如今已不由克莱斯勒家族掌管）的盛名。

由大厦尖顶上的三角形窗户组成的一系列旭日形装饰是其最著名的特征。正如大厦装饰面的纹理中充斥着有翼的汽车散热器盖、轮胎和汽车形状，大厦的尖顶也象征着汽车行业。它表面的用料是不锈钢和镀镍的钢材，保障了较低的维护成本。这种用料是前所未有的：过去多用铜、铅和青铜来抵挡风吹日晒，但这些材料的强度都不足以广泛使用在克莱斯勒大厦上。1995年秋天，克莱斯勒大厦曾耗资150万美元清理立面，清理过后它的顶部就如当初一样光彩照人。

在1929年大崩盘和经济大萧条后，建筑师们开始恢复清醒。第二次世界大战重建开始后，摩天大楼在新社会形势、欧洲现代主义派和标准零件工艺的影响下开始越来越现代化。20世纪30年代晚期，装饰艺术的热火已经熄灭，奢华的个性之风已然成为历史。

帝国大厦

EMPIRE STATE BUILDING

所在地：美国，纽约

建筑师：施里夫、拉姆和哈蒙建筑公司（SHREVE, LAMB & HARMON）

在人们的想象中帝国大厦是一栋无与伦比的摩天大楼、办公楼、旅游名胜，是初吻的梦想之地，是纽约最接近天堂的地方。

1 250英尺/381米

102层

钢铁和石灰石

1930年竣工

1931 ～ 1972年是世界第一高楼

评论家们只说了一句话，
帝国大厦雄伟壮观，凤毛麟角，独一无二。

——普里斯·戴《纽约客》，1932年

“他们中很多人都是英雄，我很高兴能认识他们所有人。”列维·海因如是评价着他在1931～1932年拍摄到的建造帝国大厦的工人。在令人头晕目眩的高度支起三脚架，海因记录下了很多非常宝贵的场景，它们不仅展示了帝国大厦本身，更体现出了它的劳动者的尊严。

1945年7月一个星期六的清晨，一架美国B-25轰炸机撞在了79层的天主教战争救济服务公司的办公室，当场造成飞行员在内的14人死亡。尽管大楼部分地方着了火并出现了一道6米深的裂缝，但是帝国大厦仍于星期一正常营业。一名大胆的纽约时报的摄影师厄尔尼·塞斯托（Ernie Sisto）让两名同事抓紧他的双腿，自己探出建筑物边沿，选取合适角度拍摄出了这张神奇的照片。

尽管有90多部影片中出现了帝国大厦，但没有一部像《金刚》这样如此激发了观众的想象力。这个1933年经典的故事讲述了一个患了相思病的大猩猩和它歇斯底里的金发美女俘虏的故事，电影的女主角菲伊·雷后来承认自己患有严重的恐高症。

一切都起源于一支铅笔。企业家约翰·雅各布·拉斯科布是纽约中城区两块选地的所有者，有一天他竖起一支铅笔，向后来帝国大厦的首席建筑师威廉·拉姆问道：“你最高能建多高的大楼？”

自剪彩后一直被标榜为世界第八大奇迹，帝国大厦迅速获得了建筑界批评家的一致好评和路过行人伸长脖子的仰视，它在建筑结构和机械工程的方方面面都打破了各项纪录。广告商也纷纷从中汲取灵感，小到薄脆饼、大到远洋轮船，都在帝国大厦的高度上大做文章。帝国大厦还激发了情侣、电影导演甚至来自皮奥里亚的家庭主妇的想象力，它迎来了各国首脑，还将继续每年吸引全球300万以上的游客前来参观。因为诞生于经济大萧条前期，帝国大厦稳坐世界第一高楼的交椅长达四十多年。尽管后来于1972年被世贸大厦轻易取代，但它依然是纽约最具代表性的地标，是纽约市的象征。

确定最终计划前，拉姆准备了15套备选方案，最终实现了材料和劳工的合理分配。当拉姆决定在大楼中央核心建造64层电梯时，方案基本落实了。帝国大厦的光滑的石灰石和不锈钢这种标准选材是为了快速装配的需要，而不是为了符合建筑师的浪漫理念，它令人惊叹的一系列部件很快在213米高的大厦中组装起来。这项日夜不休的铆钉连接的钢结构项目完成得颇具传奇色彩：整栋建筑仅花了一年零四十五天就竣工了。由于当时美国经济处于大萧条期间，劳动价格便宜了不少，相较于此前预计的5 000万美元，建筑完成的花费减少了约800万美元。1950年，它顶部的电视天线又将其高度提高了68米。

前纽约州州长艾尔弗雷德·史密斯作为拉斯科布的出面人物，在1931年5月1日举行的剪彩仪式上热情洋溢地朗读了一封拉姆的电报。当时已经去欧洲度假的拉姆极其兴奋地写道：“虽然已经出门了一天，但是我还能够看到帝国大厦！”

洛克菲勒中心

ROCKEFELLER CENTER

所在地：美国，纽约

建筑师：莱因哈德和霍夫曼梅斯特建筑公司，科博特，哈里逊和麦克姆雷建筑公司，胡德和菲尔毫克建筑公司（REINHARD AND HOFMEISTER; CORBETT, HARRISON AND MACMURRAY; HOOD AND FOUILHOUX）

起初洛克菲勒的伙伴想把65层楼上的餐厅命名为「平流层餐厅」，但他认为这可能会让人对这幢建筑的高度产生误解，因而后来定名为「彩虹屋」。

850英尺/259米

70层

钢铁和石灰石

1940年竣工

漫步在曼哈顿街头/ 时间、空间与现实在我脑海里交织/ 我一边思索着它们/一边思索着其中深谋远虑。

——沃尔特·惠特曼《草叶集》,1855 ~ 1892年

图为1936年圣诞节当天开放的溜冰场。起初计划作为一个临时娱乐场地的溜冰场后来成了洛克菲勒中心吸引人气的法宝。数百名滑冰者各色技巧的滑行常常令很多观众看得十分着迷。

从左往右依次是雷蒙德·胡德、哈里逊和安德烈·莱因哈德。洛克菲勒中心由他们三人的建筑公司共同设计,他们的每一步设计都承受着抵押贷款和建造需要的巨大费用带来的现实压力。

雷蒙德·胡德是洛克菲勒中心"城中城"的首席设计师,他将曼哈顿视作一个摩天大楼聚集地,认为这些自给自足的社区将会缓解交通堵塞的压力,使得城市的生活更加舒适。

洛克菲勒中心是大萧条开始到第二次世界大战结束期间建造的唯一大型私人建筑项目,它由标准石油公司的创办人、美国首位亿万富翁小约翰·戴维森·洛克菲勒建造。最开始,这个建筑群计划成为大都会歌剧院的新址,但这项计划在经济危机和政治压力面前搁置了。这正合了小约翰·洛克菲勒的心意,因为他希望把洛克菲勒中心建成一个容纳多个公司的建筑群,实现利润最大化的同时又不失美观。而事实上他做得更好。

位于洛克菲勒中心建筑群中央区域的是70层高的GE大楼(前RCA大楼),它是一栋细长挺拔的高楼,笔直向上似乎直至天际。1940年时,它的周围有14栋高矮不一的建筑,到1973年,建筑数量已经增至21栋。所有建筑的外墙都统一是浅黄色的石灰石,建筑的内部装有快速升降电梯和空调,以吸引新租户驻扎进来,这在当时还是十分新奇罕见的。最初,建筑群沿着第五大道和第六大道旁3个街区的T字形广场建造。经典的中轴对称排列和地面上的细节设计使得洛克菲勒中心的空地大大增加了。

洛克菲勒中心的公共区域如它的建筑本身一样重要。它直通第五大道,人们可以轻松沿着鲜花夹道的小道步行至洛克菲勒中心的中央区域,这让市民和游客都觉得纽约是一个非常友好的城市。每年当它最受欢迎的圣诞树点亮之时,都代表着纽约圣诞节假期拉开序幕,如今圣诞树的小灯开始使用楼顶的太阳能板供电。自1933年对外公开以来,洛克菲勒中心建筑群的顶楼允许大众上来俯瞰整个城市。一些近代艺术也为建筑群增添了新元素,这里处处可见各种雕塑和壁画,而装饰中最有先见之明的一笔是20世纪30年代在其中几栋建筑楼顶种植的花园,这是美国全国范围内最早的几个"绿色屋顶"。这些绿色屋顶也为洛克菲勒中心周围的摩天大楼带来了舒适的视觉体验。2008年,洛克菲勒中心再次进行了翻新,进一步提高它的环境友好度。2013年,康卡斯特公司收购了通用电气49%的股权,GE大楼中30层楼的所有权不再属于通用电气公司,这些楼层在洛克菲勒中心都是元老级别的。

洛克菲勒中心最大的成就,也是它的模仿者至今还未超越的成就,正是它很好地保障了人和建筑的和谐共处。它的城市空地直至今日,还如当初一般亲民友好、活力四射。

利华大厦

LEVER HOUSE

所在地：美国，纽约

建筑师：SOM建筑设计事务所（SKIDMORE, OWINGS & MERRILL）

307英尺/94米

23层

钢铁和玻璃

1952年竣工

汤姆·沃尔夫将后来被大量模仿的利华大厦称为「所有玻璃幕墙建筑之母」。它质朴的办公楼追求的正是密斯·凡德罗提倡的「少即是多」的现代主义审美。

美国比其他任何国家都制造了更多的钢铁，拥有着更成熟的生产线。因此它的建筑的确应当越来越工业化，毕竟它最基本的几种建材——钢铁、铝、玻璃和塑料都来自流水生产线……我们要感谢SOM建筑设计事务所，是它让我们学会了预制标准配件并且对它们进行设计。

——戈登·邦夏《建筑概览》，1957年

戈登·邦夏在欧洲旅行了一年半，期间他观察了很多现代主义运动的新建筑。邦夏沉浸于密斯、勒·柯布西耶和格罗皮乌斯这些大师的作品里，将他们的实用主义和工业化审美融入自己的设计中。

因为玻璃只能在外部进行清洁，一种专为这种清洁工设计的特殊装置应运而生，它能从楼顶降下来，并沿着护栏外一个微型铁轨自由移动。图中正是这个装置，它在当时激发了大众很多想象力。1998年RFR Reality公司收购了这栋建筑后对它进行了一次大型修复活动，直到2001年才完成。

利华大厦是纽约市第一个利用了新划分法条的建筑，新法条允许建筑在只占土地面积25%以内的前提下垂直建造。利华大厦的第二层楼由不锈钢覆盖的长方体立柱在地面支撑着。底层的开放式空间给边路的交通和行人提供了更宽广的公共空间，让他们可以从中穿过或驻足停留。

20世纪50年代早期，人们越来越发觉建筑设计的风向正在转变。正如哈格·费瑞斯在1953年指出的那样："无论讨论的重点是在于人本价值和机械价值谁更重要，还是在于审美价值和技术价值谁更重要……总体趋势是人们都在希望建筑设计风格得到转变。"这种转变最初体现在国际化风格的建筑中，随后在战后的芝加哥市由德国建筑师密斯·凡德罗发扬光大。

因其新推出的清洁剂汰渍大获成功，再加上它的著名肥皂品牌力士和卫宝，利华兄弟公司打算建造一栋能传递出闪亮而洁净的现代化气息的办公大楼。国际化风格的信条，即现代主义风格，追求的正是井然有序的生活，这一点与利华兄弟公司赞助人的想法不谋而合，利华公司于是委托SOM建筑设计事务所为其设计新的总部大楼。SOM建筑设计事务所的合伙人戈登·邦夏设计的利华大厦成了美国现代主义风格运动中的一个重要的里程碑。

从它的大小来看，利华大厦几乎算不上是一栋摩天大楼。利华大厦的23层办公楼坐落在立柱支撑的一层楼层之上，看起来像悬浮在整个场地上。它是纽约市首个全玻璃幕墙覆盖的大楼，根据Carol Krinsky 1988年研究邦夏的专题论文中所说，利华大厦巧妙地隐藏了内部的结构并暗示了"真诚的商业交易，和光照度不断提升而带来的，洁净而更加明亮的未来。"全玻璃幕墙的利华大厦晚上是另外一番模样，它的每一层都会形成一道水平的光带。尽管弗兰克·劳埃德·赖特将利华大厦贬低为"插在棍子上的房子"，但它在竣工之时还是受到了一致的好评。正如雷纳·班汉姆所说，利华大厦获得了"脱缰野马般的成功"。

在他42年的SOM事务所工作生涯中，邦夏一直信奉的现代主义影响了他塑造的大量作品。利华大厦的设计蜚声国内后，SOM建筑事务所继续为战后的美国办公大楼设立着标准，并且事实上成了密斯现代主义审美观的代言人。正如斯坦福·安德森所总结的那样，SOM的大量设计中有一个显著特点，即"建筑风格和公司的章程之间非常一致：公司致力于创新的精神和现代主义建筑的抽象建筑形式相统一；公司的慷慨奉献和现代主义建筑理性而创新的计划相统一；在毫不动摇地追求突破现有技术方面也相互统一"。总之，无论是好是坏，利华大厦已经成为国际化风格的重要转折点。远离了欧洲前卫派的理想主义，建筑风格开始朝美国公司的商业化迈进。

美国铝业公司大厦

ALCOA BUILDING

所在地： 美国，宾夕法尼亚州，匹兹堡

建筑师： 哈里森和阿布拉莫维茨（HARRISON AND ABRAMOVITZ）

诺尔也设计了很多铝制原创家具，他对新材料抱有极大的热情。他认为，世界上有一千种奶酪，就有一千种铝。

410英尺/125米

30层

钢铁和铝

1953年竣工

过去我们常常觉得自己的公司既古板又保守。但现在却完全不同了！在美国国内最具实验性的办公大楼工作，我们好像随时都充满了大胆而新鲜的思路和创意。感觉大家都开始活跃起来了。

——美国铝业公司某经理《建筑论坛》，1953年

美国铝业公司大厦入口处的威廉·佩恩式大门有一个实心顶盖，顶盖表面覆盖着铝，花纹为条纹状。

1998年，铝业大厦将总部搬迁至匹兹堡南岸的一栋六层高的办公楼里。Architect Design Alliance建筑公司用了363吨铝和6 503平方米外墙玻璃制造了波浪形玻璃幕墙。

窗户采用创造性的橡胶边缘是为了让它们能360° 旋转，这样在内部就可以清洗。

如今在一群千篇一律的玻璃幕墙办公大楼中，美国铝业公司的前总部看上去依旧清爽而前卫。它是世界上第一栋全铝皮高层办公楼，如今看来，它设计的天才之处正在于它依据铝业公司的特点采取了全铝皮的外壁设计。

建筑师哈里森和阿布拉莫维茨曾一道或与他人合作，设计了很多纽约20世纪中叶知名的建筑，包括：洛克菲勒中心、1939年纽约世博会上的角尖塔和圆球、联合国总部大楼、大都会歌剧院和位于奥尔巴尼的纽约州议会大厦。现已更名为区域企业大厦(Regional Enterprise Tower)的美国铝业公司大厦是他们团队里最具创意的设计之一。

尽管同时期，哈里森也担任了联合国总部设计团队的首席策划师，采取了全玻璃幕墙设计风格，但他为铝业大厦设计的却是金属幕墙，对当时正在时兴的玻璃幕墙提出了正面挑战。铝业大厦外墙上3.81厘米的铝板与表面呈一定角度，在铝板条之间的沟槽处和大厦钢筋中浇有1.2米厚的珍珠岩混凝土。尽管大厦立面的冲压铝板总体效果是粗琢的(一提到这里我们很容易会想起碧提宫和H·H·理查德森设计的建筑中那些沉重的砖石砌面)，但由于它倒金字塔形状是向内凹陷的而不是凸起的，每当阳光射过来的时候，它立体的表面就十分美丽而光彩照人。

这是一种羽量级、经济实惠的结构。它使用了铝制幕墙，将钢框架的用量降低了近一半，减轻了建筑的重量。它的天花板中还安装了一套独特的辐射供暖和制冷系统，使得其表面不需要再另装管道、暖气片和空调，这为大厦又增加了1 394平方米的可用空间。

铝业大厦还是一个创新实验室，它将成本的考虑抛到脑后，试图最大限度地在建筑中使用铝。任何可以用铝制造的东西均是铝制的。美国铝业公司决心在战后继续推广铝的使用范围，所以在建造这栋新建筑时无论在流程上还是用料上都给工程师和设计师很大的自由空间。起初的电力系统、供电线路、冷却塔和管道都是铝制的，后期的一些电梯门、轿厢内部、电话亭、门、把手、窗台板、滑槽邮筒和喷泉同样也是铝制的。它不同于那些单调无趣的“箱子建筑”，也没有像它们一样刻意在自己的设计中摒弃先前的装饰艺术风格。在美国铝业大厦中，中介材料就是最好的装饰和象征。

普莱斯塔楼

PRICE TOWER

所在地：美国，俄克拉荷马州，巴特尔斯维尔

建筑师：弗兰克·劳埃德·赖特（FRANK LLOYD WRIGHT）

这座塔楼被赖特称为「逃离了拥堵森林的一棵树」，它拒绝采用摩天大楼中常见的钢结构和幕墙式风格。

221 英尺/67.4 米

19层

混凝土、玻璃、铜和钢铁

1956 年竣工

弗兰克·劳埃德·赖特为普莱斯塔楼设计了全新的材料和结构系统，这在建筑史中是一次非常巨大的转变。混凝土和十字形的悬臂中心让占地面积的排布更加灵活，也让建筑的外表脱离了正方形或三角形盒子状的束缚。

——温斯顿·韦斯曼《美国建筑的崛起》，1970年

（左图）图为赖特设计的一个印有花纹的未上色铜板，之后它会被嵌入混凝土中，成为外墙上富有节奏感的装饰之一。

（右图）赖特一直不喜欢现代大都市，他认为它们都是应当被毁灭推倒的"钱山钱海"。赖特认为个体唯一能有尊严地生活着的地方在大自然，人类的宿命就是要生活在阳光充裕和空气清新的地方。

弗兰克·劳埃德·赖特（1967 ~ 1959年）曾于1991年被美国建筑师协会评为"史上最杰出的美国建筑师"，他在1956年完成了普莱斯大厦的设计，那时他已年届90岁了。这个小型塔楼尽管不是莱特的诸多杰作之一，但却是他设计的唯一一栋摩天大楼，其中蕴藏着他毕生对于材料、空间、比例和运动的追求。与他尊敬的老师路易斯·沙利文一样，赖特相信建筑都是一个个有机生命体，相信它们是材料和技术的自然结合，能够提升社会生活的品质。

这座塔楼的设计频频出现在赖特早期的几个方案中，不过它们最终都没有实现，其中包括他著名的国家人寿保险公司的方案（1924年）、St. Mark's-in-the-Bouwerie 公寓楼（1929年）和广亩城市（1932年）方案。和这几个方案中的设计一样，普莱斯大楼看上去就好像一棵大树，它的枝干就是从十字交叉形的支柱中延伸出来的悬臂楼层。它中空的混凝土中央柱里是建筑的管道、电梯和空调系统，中央柱将结构分为四个部分——其中三个部分被用作办公区域，另外一个被用作复式公寓。

爱默生说，赖特一直尝试着"和材料做朋友"，并试图洞悉每一种材料的特性和本质。在普莱斯塔楼的设计中，他充分利用了玻璃和铜的质地。塔楼宽大突出的翼部（Projecting fins）为金色玻璃窗户避免了阳光的直射，其中公寓的部分是垂直的，其余部分是水平的，用料是带有花纹的铜板，随着时间的流逝上面长满了深色的铜绿。这栋孤零零的桅杆一般的建筑坐落在俄克拉荷马州起伏的山脉间，每当光线在它铜和玻璃的表面起舞，就变得格外美丽生动，这时从一些角度看，它似乎是全铜的，从另一些角度看，又似乎是全玻璃的。

这栋大楼奇特的布局确实"华而不实"：公寓部分很小，办公区域也十分紧凑。宏伟的铜制遮板也未能阻挡住直射两层玻璃墙的强烈阳光。降温装置也由于不能抵消热增量而被更换。问题最严重的是外部的紧急出口楼梯，它被认为是最大的安全隐患。菲利普斯石油公司1981年从普莱斯公司手中买下了这栋建筑，它认为这栋建筑使用过程需要承担的责任太大，于是对其外部和阁楼公寓进行了维修，并将剩余的部分用作储藏室。

很长一段时间内，似乎赖特设计这栋塔楼时所希望的"超前的功能和充满诗意的想象"真要超越现实而无人问津时，该建筑于2000年被捐赠给了普莱斯塔楼艺术中心，用于经营画展、酒店和餐厅。2007年，普莱斯大楼被指定为"美国国家历史名胜"。

一如既往地，莱特的想法还不止于此。1956年，他为芝加哥提议了一幢一英里高的摩天大楼，即伊利诺伊斯天空城。这栋摩天大楼高1 609米，中央是个铁中心柱，柱子的悬臂向三个方向延伸。充满科幻想象色彩的是，赖特提议为这栋建筑的130 000名租户提供56台自动升降电梯、能容纳15 000辆汽车的停车场和能容纳100架直升机的起落场。听起来很环保吧？感觉离我们很遥远？恐怕并不是，刚盛大落成的哈利法塔（迪拜大厦）的设计正是受了赖特这个结构的启发。

西格拉姆大厦

SEAGRAM BUILDING

所在地：美国，纽约

建筑师：密斯·凡·德·罗（MIES VAN DER ROHE）

516英尺/157米

38层

钢铁、铜和玻璃

1958年竣工

在得知她的父亲正在考虑一些毫无特色的建筑方案后，菲丽丝·兰伯特立刻给他写了一封信，开头就不停地说道：「哦不不不不。」

我希望人们能明白建筑并不意味着发明新的外形。建筑领域不是给任何年纪的孩子玩耍的地方，建筑设计是精神的战场。

——密斯·凡·德·罗，1951年

（左图）四季餐厅由菲利普·约翰逊和密斯·凡·德·罗共同设计，采用了卡拉拉大理石，1959年建成至今都未曾被改动过。

（右图）西格拉姆大厦那些精致的元素曾经在密斯的设计中出现过，即他于1951年设计的芝加哥湖滨公寓。湖滨公寓项目中涵盖了全玻璃覆盖的大厅、高塔、遮檐的厚板和连续不断的路面，这些都在西格拉姆大厦中得到了进一步发展。常用的钢铁工字梁将建筑外部连接起来，密斯借此在建筑立面创造了一种和谐的对比，让人们更加意识到钢铁是现在建筑结构中必不可少的一部分。

西格拉姆大厦是密斯·凡·德·罗在纽约设计的唯一一栋建筑，它是密斯执着追求现代建筑精髓的巅峰之作。起初大厦的主人山姆·布朗夫曼只是想为他的大型酒业建一个新总部，并“让在其中工作着的每一个人都感到无比荣耀”。他的女儿，后来成为建筑师的菲丽丝·兰伯特一直劝说他委托密斯设计，她说：“密斯的设计会吸引你的，你需要更深入地理解设计，然后你就会发现，这种严峻的力量，这种建筑的美丽非常震撼人心。你能在好的设计中发现更多美。”除了任命建筑师外，兰伯特还在此后的50年间一直监督了大厦的规划、维修、管理和其他流程，她在2013年专题论文《建造西格拉姆》（*Building Seagram*）中对此进行了细致的描述。

西格拉姆大厦的构造是中轴对称的，既宏伟又高贵典雅。它坐落在一个宽阔的广场上，广场四周围绕着大理石护栏，里面镶嵌着两个长方形水池。它的玻璃幕墙的边缘装上了压制的铜质工字梁，让其长方体结构看上去更加清晰硬朗。大厦正对着前方，下面有两层楼高的铜柱四平八稳地支撑着，旁边还环绕着一个8.5米高的连拱廊。

它的式样虽然很简洁，但用料却昂贵考究。大厦立面的铜制工字梁是手工铸造的，表面其他一些部分使用的是特色石材。没有任何一个门把手、厕所水槽、引导标牌或滑槽邮筒是随心所欲制造的，它们的设计都是为了使得整个建筑更加浑然一体。密斯的助手菲利普·约翰逊负责了大部分内部设计，包括地下楼层的四季餐厅；卡恩和雅各布斯建筑师事务所为其准备了设计图。

就像洛克菲勒中心拥有的人流攒动的公共区域，以及利华大厦允许行人停留的地面空间，西格拉姆大厦也在城市空间上提出了巧妙的解决方案。它坐落在一个远离帕克大道约30米的安静广场上，在建筑密集的城市中仿如一个绿洲。它也启发了1961年的市区划分令，从那以后，高层建筑周围必须保留一定的开放空间，即使建筑有回退设计也不能占据整个占地面积。

密斯和他的座右铭“少即是多（less is more）”引发了很多争议，罗伯特·文丘里还曾调侃说“少即是无聊（less is bore）”，那些不熟悉他建筑理念的人常常无法感受到精简的建筑风格的魅力，甚至包括刘易斯·芒福德在内，都曾将密斯的建筑形容为：“空洞虚无的优雅纪念碑”。尽管如此，密斯的设计在20世纪中还是拥有着神话般的地位，其中优雅精致的西格拉姆大厦被包括密斯自己在内的很多人认为是他最好的作品和国际风格建筑的巅峰。

西格拉姆大厦为摩天大楼的设计提供了新的可能性，并很快风靡起来。但模仿者大多只学到了“少”的形式而非“少”的精髓，导致纽约涌现出了大量玻璃幕墙的“盒子”建筑。正如保罗·哥德伯格所说：“尽管西格拉姆大厦是一个很棒的艺术杰作，但后来的结果证明，西格拉姆大厦并不是一个好老师或好榜样。”

密斯·凡·德·罗（1886 ~ 1969年）

1910年，密斯和建筑界的另外两名大师瓦尔特·格罗皮乌斯以及勒·柯布西耶一道，在“德国现代设计之父”彼得·贝伦斯的工作室工作过。在这个过程中，密斯也向他们灌输了他认为“建筑师应当是世界的”这个理念。20世纪20年代后，密斯因为他很多摩天大楼的项目而闻名，尽管其中很多项目并未最终建成。1930 ~ 1933年，他在包豪斯设计学院担任校长，此后在菲利普·约翰逊的建议下，他于1937年移民到了美国并在伊利诺斯理工学院执教。此后，密斯的理念影响了更多人，他设计的玻璃幕墙建筑也彻底改变了美国城市的样貌。

417 英尺/127 米

32层

混凝土和玻璃

1959 年竣工

皮瑞里大厦

PIRELLI TOWER

所在地：意大利，米兰

建筑师：吉奥·庞蒂和皮埃尔·奈尔维（GIO PONTI WITH PIER LUIGI NERVI）

庞蒂把这栋大楼设想成一个「有尽的形式」，他甚至给大楼盖了个盖子，表达了他对国际风格幕墙结构典型的无尽而重复特征的看法。

奈尔维职业生涯里完美的结构逻辑和庞蒂的一些对形式上的关注相结合，成就了现在世界上这栋不拘泥于形式的建筑，尽管在它的外形上倾注了很多研究。这是一栋有着顽强意志的商业建筑，它不仅仅是一个可租用的屋子或者一种噱头，更是一个广告符号。这座大厦实现了这一切，也彰显了一个完整而不可分割的观念，尽管在设计它时的会议桌上必是经历了无数小时的汗水和激烈的讨论。

——雷纳·班汉姆《大师年代》，1975年

大厦正面有一对锥形柱，看起来以不透明窗户护栏的水平条为主。蓬蒂不喜欢这些被他称作"条纹睡衣"的东西，因为这影响了他所寻求的透明垂直感的效果。

早前，奈尔维就决定"用钢筋混凝土去思考"。他对混凝土承重能力的直观理解，加上对其在功能上和经济上的可行性的坚定信心，成就了伟大的艺术作品。罗马小体育馆就是奈尔维为1960年奥运会设计的。图片里的圆顶图案彰显了奈尔维娴熟运用混凝土的能力。

位于米兰的皮瑞里大厦，塔身纤细，它好似火箭般冲入云霄，令人叹为观止。这座纤细的建筑由折中主义者吉奥·庞蒂和钢筋混凝土大师皮埃尔·奈尔维设计，其建筑技术新颖独特。

许多人认为混凝土大厦是少数在20世纪50年代建成的建筑之一。欧洲设计师们一直以来都不拘一格，而是自由地在各个方面发挥他们的创造力。设计杂志《多姆斯》(*Domus*)的主编、建筑师、设计师庞蒂的作品涉及领域极其广泛，从拉帕沃尼咖啡机到塔兰托教堂(1970年)。他用大量的作品表明了自己既崇尚自由又追寻他本人所描述的"精准的诗意"。庞蒂在这种模糊而无形的国度里最游刃有余。如果他的作品可以被界定的话，那么可以说其作品做出了一种光的效果，或者用评论家吉尔曼·格兰特的话来说就是"无形的实体"。

奈尔维也对光和流动感很有兴趣，而且他尤其喜欢用擅长的介质——混凝土来表现出光和流动感。1936 ~ 1941年，奈尔维因在意大利修建一系列飞机库而首度闻名。这些飞机库虽然随后在战争中被毁，不过它们的照片得以幸存，这些照片有力地证明了奈尔维早期在混凝土领域的结构创新。到20世纪40年代，奈尔维发明了他自称的"钢丝网水泥壳体"，这是在数层重叠的钢丝网上涂抹数层水泥砂浆制成的。这一技术创造出一种极富弹力、韧劲十足的混凝土，能应用于各式设计，尤其适用于大型展厅和体育馆。奈尔维于1948年设计的一艘帆船就有一个1.27厘米的混凝土外壳。

如果没有奈尔维提供工程和空气动力学方面的知识，庞蒂就不会想到大厦的晶体形状，或者说是薄如刀刃的外形。其宽度从下往上越来越窄，特别容易受到大的风载荷。大厦有一个增强版钢筋混凝土架，往上渐成锥形，并用牢固的三角形底端支撑来承重。这个三角形底端支撑的中间有四个坚硬的柱子。

大厦是细长的菱形结构，两个长边延长线的交点位于大厦所处地段的边界上。玻璃面一直延伸到距塔顶一层的位置。塔顶给人感觉像一个盖子悬在大厦之上，庞蒂说，这座大厦是"有尽的"。正如建筑评论家雷纳尔·班哈姆所言："皮瑞里大厦停止的高度恰到好处，因而看起来比高度继续延伸下去再终止更让人有安全感。"

材料和技术

三风力涡轮机已经融入由阿特金斯设计、位于巴林麦纳麦的巴林世界贸易中心（2008年）的设计中。

19世纪60年代就出现了建造摩天大楼的基本技术。不过直到1885年才被威廉·勒巴隆·詹尼首次运用于建造芝加哥的家庭保险大楼。每建立一个新高度的里程碑都需要解决历史学家卡尔·康迪特提出的四个主要问题：“结构，安全，交通和可居住性”，所有这些都同时发展、推进摩天大楼的技术。

家庭保险大楼综合运用了砌体结构和钢筋支持系统，这标志着摩天大楼结构演变的开始。钢筋取代了砌体承重墙，这样就腾出了宝贵的地面空间。相比之下，伯纳姆与鲁特设计的蒙纳·诺克大厦（1891年）只有16层楼高，而且墙底部只有六英尺厚。焊接钢结构取代了铆接钢结构。20世纪60年代，结构工程师法兹勒汗设计出的约翰·汉考克中心展示出钢结构实现了一个巨大飞跃。

19世纪60年代，奥的斯安全升降机发展迅速，这种能让人轻松到达大楼高层的电梯很快被人们所熟知。电梯给人们的观念带来关键转变：如今高楼层更受人们青睐。1854年，在纽约水晶宫展览会上，奥的斯的第一个由蒸汽发动的升降机公之于世。这部升降机有自动安全装置，即使曳引绳断裂，升降平台也不会坠落。从那以后，奥的斯为世界上很多摩天大楼设计了电梯，包括帝国大厦、双子塔和哈里发塔。不过，东芝公司号称他们于2004年在台北101大楼内安装了世界上最快的电梯。这些超高速电梯能嗖地从一楼上升至位于89层的观景台，速度高达1 010米/分钟，也就是超过60公里/小时。

一旦不需要用外面的墙体来做大楼的支撑物，建筑师们便可以对室内装饰进行大胆、自由地设计了。

布鲁克林大桥（1883年）的缆索运用了先进的钢筋技术。

到20世纪20年代，欧洲现代主义者把面板空心板梁延伸至大楼垂直支撑结构之外。窗户从这些悬臂面板上垂落下来以淡化结构元素。玻璃幕墙是国际风格的重要元素，它密封在大楼里，所以空调就显得很有必要。

自从1952年纽约利华大厦使用第一台玻璃清洗机器，清洗大片玻璃已包含越来越高的技术含量，从靠在窗台上清洗发展到设计出定制的自动清洗设备。亚当·希金博瑟姆在《纽约客》的一篇文章里介绍说，窗户清洁工是这样一点一点来丈量大楼尺寸的："一段大楼正面的垂直部分，从屋顶到篮子可以下降到的最低点——要么是一个楼层，要么是大楼的一个特色建筑，比如缩退形平台。"因为需要6个人（该行业几乎仅限于男性）历时4个月来清洗一座80层的摩天大楼的窗户，所以人们想出了很多玻璃清洗的办法，比如自洁玻璃，还有永久性和临时性的脚手架及平台可以让工人降到大楼一面去清洗玻璃。

人们把摩天大楼看作享有自身权利的生命体。大楼配有先进的电子系统来控制大楼的一系列功能，像建筑工程、安全、内部和外部通讯、照明、供暖、制冷等，这被称作智能。大楼也会生病，也就是说通风不良导致楼内有腐化的、细菌丛生的空气。

虽然楼层高度因经济原因会有限制，但弗兰克·劳埃德·赖特想造出一英里高的摩天大楼的愿景今天在建筑结构上已经可以实现。在大约305米即大约80层之后，建造费用会变得非常昂贵。最耗钱也是最关键的因素包括防风功能、安装像电梯之类机械设施，而且还要找到足够多的租户住进大楼。

建筑物越高，它所能承受的风力就相对越小，所以大楼就不能有特别弯曲的结构。用来检测一个建筑设计是否恰当的风测试可以用数学方法计算，也可以在风筒内模拟气流。为了降低由风引起的摇摆程度，会用到平衡物或者有时用气流调节器。人们还发明了新

由Foster + Partners公司设计的莫斯科俄罗斯之塔（Russia Tower）最大限度利用了日光，同时也最大限度地扩展了人们交流的机会。

Tractel Swingstage公司设计了定制设备来清洗由Foster & Partners公司设计的赫斯特大厦的独特玻璃幕墙。

的结构类型来对抗风力。SOM建筑设计事务所的工程师威廉·贝克为哈里发塔设计出一种叫"扶壁核心"（buttressed core）的系统。

在这个系统里三个结构翼排列成三角状，像分水角一样使风转向。柔和弯曲的形状也能减小风力、大大地降低负荷。因为摩天大楼广场经常刮大风，所以人们并不喜欢待在那里。用空气动力学的方法减小风力，解决了摩天大楼下部的气流问题，比如Foster and Partners公司设计的圣玛丽斧街30号。

近年来，随着摩天大楼技术突飞猛进，环保摩天大楼不再是个矛盾体的概念。摩天大楼的独特之处：它们高高耸立，大大的面积，还有深深的地基，都可以被用来收集太阳能，风能，地热等能源。巴林世贸大楼通过三个巨大的风力涡轮机利用风能。据设计师阿特金斯说，这是第一次应用到一座商业建筑中。他和涡轮机专家诺文（Norwin）一起致力于这个项目。涡轮机与椭圆形塔一起工作，它作为螺旋桨，呈漏斗式加快他们之间的风速。

自2000年能源与环境设计认证的绿色建筑标准实施以来，有效地建立一个环保建设全球标准变得越来越"绿色"。在塔布莱恩特公园的美国银行（Bank of America）是北美洲首个获得LEED系统铂金奖的摩天大楼。楼顶有利用住户废弃餐食作肥料的屋顶花园，还有最先进的空气过滤系统以确保优质的室内空气，这些都是这座摩天大楼的特色。改造后的台北101大楼于2011年获得了LEED铂金奖。中国广州的珠江大厦被设计成一座零能耗建筑，它从电网里用多少能源，就能生产出至少同样多的能源。然而，只有中国的基础建设跟上去了，珠江大厦才能发挥它的生态潜能。目前，中国的电网还不能承受如此巨大的能源消耗。受到这些零能耗设计的激励，新的摩天大楼设计者们意识到，只有环保的才是有利于人类的。

大都会人寿大厦

METLIFE (PAN AM) BUILDING

所在地：美国，纽约

建筑师：劳斯父子事务所，沃尔特·格罗比乌斯和彼得罗·贝鲁奇（EMERY ROTH & SONS, WALTER GROPIUS AND PIETRO BELLUSCHI）

阿达·路易斯·赫克斯塔布尔称它为「小物品大集合」，用最少的想象力（一直都很昂贵）、特色（这也很贵）或技巧（这花费更大）来建造它。

808英尺/246米

59层

钢铁、预制混凝土和玻璃

1963年竣工

高贵与否并不取决于大小。里程碑似的交易并不能成为一个里程碑。

——阿达·路易斯·赫克斯塔布尔《纽约时报》，1963年

华丽的大中央车站景观（1913年由Reed and Stern设计公司和Warren & Wetmore公司联手设计）让公园大道的街景并未受到破坏，而且还成为世界上最负盛名的地点之一。尽管1963年开发商沃尔夫森并没有想到“车站不可侵犯”，宾州中央运输公司后来起诉要求撤销其历史遗产的称号，1978年最高法院支持在1967年授予中央车站地标的地位。

首先应该表明，公平地说，单纯就其存在来看，任何建筑都会破坏公园大道的街景。随后的泛美大厦（现为大都会人寿大厦），由于其落成破坏了公园大道的景致，让人不禁深感痛惜。

建筑师欧文·沃尔夫森接管了由纽约中央铁路公司和纽黑文铁路公司共同持有的大中央城的场地。1960年，这个场地因其主要住户泛美航空公司而改名。沃尔夫森选定劳斯父子事务所作为建筑师，不过建筑师的第一个设计被沃尔福森否决了。那个设计绕开了公园大道的轴，沃尔福森觉得那样太保守了。此后，理查德·劳斯请格罗庇乌斯和彼得洛贝卢斯基这两位当时最负盛名的设计师加入。这两位设计师重新进行了大胆的设计，把大楼的长轴旋转从而挡住公园大道的视线。

建筑师们从勒·柯布西耶为阿尔及尔一栋未施工的摩天大楼设计里得到灵感，他们还受到吉奥·庞蒂和皮埃尔·奈尔维设计的优雅的皮瑞里大厦的启发，建筑师们设计出细长的八角形，这需要在10层高的基座上再建49层的高楼。格罗皮乌斯认为大楼是“大中央车站南北不平衡建筑群的一个明显的参照物”。格罗皮乌斯觉得玻璃幕墙看起来不够坚固，所以他在大楼宽的一面用了预制混凝土以加大侵入体的面积，这和大楼整体的比例很协调。

该大楼位于大中央车站和纽约中央大楼（1929年）之间。格罗皮乌斯曾经想把纽约中央大楼夷为平地建成公园。从南面看过去，中央车站的正面也是大楼的一部分，这也是这项设计的大胆之处。不过，它很尊重身旁年迈的邻居：在10层楼高的地方，大都会大厦的基座和大中央车站处于平行位置。

自这座大楼的设计被公开之后就遭到普遍的批评。它因其带来的视觉损害而被嘲笑为“七联盟怪物”，被指责是“一个致命的打击”，是个“笑话”。纽约人被这样的舆论进一步煽动，把这座大楼看作贪婪的房地产投机者和市政厅勾结的产物，让这个区域本已拥挤不堪的街道又增添了一种压力。不过，有些人对此的态度温和一些。一篇1963年发表在《建筑记录》上的评论为这栋大楼辩解道：“即使从美学角度看这座大楼并不完全成功，但这也是个了不起的妥协。”

1981年，美国大都会人寿保险公司得到了这栋大楼。自“9·11”事件以来，公众对这座大楼的看法似乎已经有所改观。正如克里斯托弗·格力在2001年10月的《纽约时报》专栏里写的，即使那些称不上伟大的建筑也“对我们自身和我们的城市非常重要”。

瓦尔特·格罗皮乌斯（1883 ~ 1969年）

德国包豪斯造型学院创始人，任教于哈佛大学设计学院长达20年。他认为，庞大的美国大都会人寿保险公司建筑群应该东西朝向，完全挡住公园大街。讽刺的是，就像戈德堡指出的那样，格罗皮乌斯坚信包豪斯学院肩负着社会责任，但他却以一个毫无社会责任感的设计结束了他漫长而辉煌的事业。

马利纳城

MARINA CITY

所在地：美国，伊利诺伊州，芝加哥

建筑师：贝尔特兰德·戈德堡（BERTRAND GOLDBERG）

588英尺/179米

61层

混凝土

1964年竣工

戈德堡反对批量建造大楼。他指出，四四方方的摩天大楼是一个「被控制、被操纵、被估量、被放在盒子里」的社会的产物。

软体动物的座右铭会是：生活是为了建造房子，而不是建造房子住进去生活。

——巴什拉《空间诗学》，1958年

马利纳城带阳台的公寓像花瓣一样围绕一个走廊展开。走廊上有公用洗衣间、存储室和活动空间，这些场所环绕在楼中心的电梯周围。戈德堡弃用钢材，他更喜欢用混凝土，因为这是唯一一种可以让他改变外壳形状的材料。他利用大楼的圆柱外形来改变风向、避开风力。建成后的马利纳城是当时世界上最高的钢筋混凝土结构。这个混合建筑群每英亩（约4 047平方米）有635户住户，是西方世界人口最密集的地方之一。

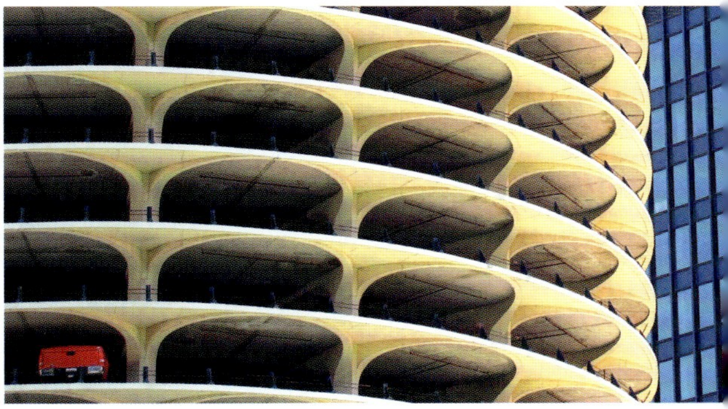

在20世纪60年代早期，大城市前景黯淡。戈德堡尝试用建造一个自给自足型迷你城市的方式来打一场城市飞跃战。在这个迷你城市里，人们沿袭着曾经在传统城镇的那种工作娱乐一体化的方式。这座实验性质极强的马利纳城由工会出资修建，他们担心建在郊区会让工会会员们失去工作。潜在的租户们一直认为马利纳城从大厦中心扩散开来的公寓会更大，其实这是错开的墙壁让人产生的幻觉。

俯瞰芝加哥河的这两座大楼被亲切地称作“玉米棒”，它们是马利纳城混合建筑群中最亮眼建筑，由伯特兰·戈德堡设计，他曾师从现代主义建筑师密斯·凡·德·罗，这让戈德堡设计的极具个性的建筑更加让人瞩目。

马利纳城是一个生机勃勃的混合建筑群。里面有住宅、娱乐设施、写字楼、餐厅、银行以及停车场和服务站这些中产阶级生活所需的一切资源。自19世纪英国工匠大师威廉·莫里开始，建筑师们就已经萌生出这样的想法了：设计一个从大楼到厨房用具一应俱全、包罗万象的空间。这种观念对现代主义者探索的“表达的纯粹”而言非常重要，后来包豪斯、建构主义者们、勒·柯布西耶和密斯都持有这样的观念。

第二次世界大战期间，认证工程师戈德堡开始研究工业设计，为政府修建预制装配式住宅建筑、生产移动除虫设备和建立青霉素实验室，还有Stanfab移动卫生间。这让戈德堡于19世纪50年代后期在形式和思想上能有所突破，并建立自己的国际声誉。

自马利纳城开始，戈德堡向现代运动宣战，他赞成用自然的大楼外形而不是方方正正的盒子形状。“同事们都觉得我疯了”，戈德堡在1985年的一次采访里说，“密斯不理解我用和他的方形建筑一样的逻辑来建马利纳城，却能发掘另一种空间和经济模式”。戈德堡寻求的是一种能为用户带来安全感的大楼形状，好比一个外壳或子宫一样。这一探索最终让戈德堡擅长设计把用户身体和心理舒适度放在首位的宜居建筑。

马利纳城是第一个摆脱了柱和梁，呈直角形式的大高层空间。它和由约恩·乌赞设计的悉尼歌剧院，以及由埃罗·沙里宁设计的纽约环球航空公司航站楼这两座同时代的建筑一起转变了钢筋混凝土美学，为当代建筑带入了一股抒情的气息。

湖心大厦

LAKE POINT TOWER

所在地：美国，伊利诺伊州，芝加哥

建筑师：薛波雷特和亨力治公司（SCHIPPOREIT-HEINRICH ASSOCIATES）

大厦楼顶的3层停车库是一个秘密天堂，那里有10 117平方米的美丽公园，满是郁郁葱葱的树木、鲜花，有一个鸭池、一个游泳池，甚至还有一个瀑布。

645 英尺/197 米

70层

混凝土和玻璃

1968年竣工

玻璃这种全新而纯粹的材料能以最基本的方式来发挥作用。它能像清澈的水面一样映射天空和太阳。而且所有人都看上了玻璃在色彩、形式和风格方面着实用之不尽的资源。

——阿道夫·贝恩《艺术的回归》,1919年

为了让大楼外观看起来紧凑光滑,供暖设备和空调设备都被安装在固定的窗扇里。抬起的盖子能让新鲜空气从位于窗扇下方的格栅里透进来。

除了提供搬家日香槟和女佣服务,大厦还用这样的广告来吸引目标租户,他们承诺“住郊区公寓,享城市生活”。大厦有游泳池、网球场和草坪。在大厦底座还有餐馆、商店和停车场。

湖心大厦独踞伸入密歇根湖的一片狭长地带。大厦外面的波浪形玻璃幕墙优雅地映射着天空和光线的变化。

湖心大厦在1968年竣工时是当时世界上最高的公寓大楼。大厦由建筑师约翰·亨力治和乔治·薛波雷特设计,他们都曾在阿莫尔学院(后改名伊利诺斯工学院)师从密斯·凡·德·罗。这两位建筑师试图在他们大胆的设计中(湖心大厦是他们第一个真正付诸建设的设计)实现密斯于1921年画出的草图,那是一栋有波浪形玻璃幕墙、外形不规则的摩天大楼。

湖心大厦外形时尚,并没有密斯特色的结构,而且比密斯1921年的设想更加传统,不过它的确实现了20世纪欧洲乌托邦式建筑师们修建一栋全玻璃结构摩天大楼的梦想,在当时这种结构是很难实现的。在他们的脑海里,玻璃是种能闪耀出现代文明之光的材料。湖心大厦的圆形曲线巧妙地解决了密斯和其他建筑师们苦苦思考了几个世纪的问题:那就是墙面转角的处理,即一面墙在哪里衔接另一面墙,和一面墙在哪里接地或是伸向天际。

湖心大厦最初被设计成带有四个圆形翼的十字形,后来放弃了最后的四叶式设计,以为那样需要更短的建设工期,而且可租出公寓的数量也会少一些。三翼设计能最大限度地保护隐私:大厦120°角能切实地避开邻里相互窥视。独特的三翼形状让每一户都能观赏如大海般壮阔的景致。这令人称叹的风景让法国哲学作家西蒙娜·德·波伏娃想起了“蔚蓝海岸的奢华”。

青铜色的大厦底下是一个9.5米高的台子,里面是一个停车场。大厦楼顶有各种娱乐设施,包括由景观建筑师艾尔弗雷德·考德威尔设计的一个花园,这和大楼严肃的几何造型形成对比。不过,在原大楼两侧建两座形状相似的大楼的计划并未付诸实施。

鲜有摩天大楼像湖心大厦一样能从多种不同的角度观赏到大楼全景,这值得我们好好研究一番。精致的大楼外观看起来很高科技化、带有一种未来的感觉,但是大厦表面的感性曲线和各种自然之力和谐地在其身上相互作用,让人不禁想起由建筑师沙利文、赖特和鲁特设计的早期芝加哥建筑的力度和典雅。

约翰·汉考克中心

JOHN HANCOCK CENTER

所在地：美国，伊利诺伊州，芝加哥

建筑师：SOM建筑设计事务所
（SKIDMORE, OWINGS & MERRILL）

20世纪晚期结构上的创新迅速发展，让我们能够修建超高层建筑。「大约翰」的外部支撑框筒设计在这一系列结构创新当中首屈一指。

我力求结构简单……搞技术的人不能在他自己的技术里迷失。

——法茨拉·卡恩《密玛尔》，1982年

这个镜头展示了这栋大楼的一个有趣的视角，解释了为什么电影《火烧摩天楼》（1974年）会从这栋大楼得到灵感。汉考克实际上是一个截断的金字塔形，越往上楼板的面积越小。

虽然它消耗了约3 000辆小汽车的钢材，但汉考克的创新型结构系统只需使用传统内柱系统用钢量的一半，十分经济。

从约翰汉考克中心第94层观景台看见的芝加哥和密歇根湖景观。晴朗的日子里，你还能见到4个州：伊利诺伊州、印第安纳州、密歇根州和威斯康星州。

位于芝加哥的约翰·汉考克中心，别称“大约翰”，有着皮包骨一样的结构。对比摩天大楼出现之前砖砌建筑的结构系统，汉考克中心的外部支撑起到了以往承重墙的作用，同时它带有20世纪的色彩。

正如SOM建筑设计事务所的建筑师布鲁斯·格林汉姆（Bruce Graham）所设想的那样，这样的设计使大楼不需要使用内支撑梁，而且大大增多了可用的地面空间。这座大楼还有威利斯大厦（西尔斯大厦）的筒状结构系统都是由高层建筑工程先驱和杰出人物法兹勒汗设计。到20世纪60年代，计算机的应用让我们能探索新的结构系统。勒汗运用新软件加上高合金钢和熔焊型材设计出能抵抗风的侧向力和让重力下拉效果显著的结构，因为这些力能被大楼的所有三个维度吸收。当我们从这座大楼的里侧看它的轮廓就能更加明白这种理念了：这种对角交叉支撑一面接着一面，并和梁柱相连接，这样承重就在支撑杆和梁柱间相互转移。这种交叉支撑和梁柱的几何相交让大楼的外观看起来很刚劲有力，有着“狂人”般的架势。

约翰·汉考克中心是1969 ~ 1998年世界上最高的多功能建筑。它有700多户豪华公寓，还有办公室、商店和一个观景平台。住户付点费用就能用望远镜欣赏到伊利诺伊州、印第安纳州、密歇根州和威斯康星州这四个州的景致。因为公寓实在太高了，所以住户们有时候不得不给门卫打电话问问下面是什么天气。大楼里还有邮局、垃圾站和超市。从技术来说，如果你在约翰·汉考克生活和工作，你可以永远不离开这栋楼，这实际上也是奥威尔式的想法。

跟许多超高层建筑一样，汉考克也是向天际伸展而不是旁逸斜出。这栋大楼从楼下广场处拔地而起，它和所处的大街或者和芝加哥“壮丽的一英里”处的其他建筑的关系都不明确。而且，在当初兴建时，这个广场就已经在和密歇根大街上的噪声、恶劣的天气还有狂风相搏斗了。1994 ~ 1995年，希尔切尔·夏皮罗联营公司和美国股市改善了汉考克街道的照明条件，用新的灰色花岗岩装饰基座四周，还在广场上用一个3.6米高的瀑布来减弱街上的噪声，同时提升办公室的循环系统和行人交通，这样使汉考克的街道和广场重现活力，提高了档次。

在早前世界最高建筑竞赛中，帝国大厦毫不费力地拔得头筹。大约40年之后，一场新的竞赛正在上演。1969年，瘦瘦高高、叉手撑腰的“大约翰”率先冲出起跑门栅，以不超过37米的高度差距从帝国大厦手中夺走了冠军宝座。1972年纽约世界贸易中心获得了冠军，两年后让位给威利斯塔。

泛美金字塔

TRANSAMERICA PYRAMID

所在地：美国，加利福尼亚州，旧金山

建筑师：威廉·佩雷拉（WILLIAM L. PEREIRA）

853英尺/260米

48层

钢铁、石英、混凝土和合金

1972年竣工

有关泛美金字塔耸入天际线的哗然声早已消退。广泛出现在明信片、书籍、电影中，泛美金字塔是旧金山的一大地标，与该市著名的缆车及金门大桥齐名。

实际上，泛美金字塔是繁华都市建立高层建筑的理想模型。从诸多层面来说，我们对该塔的设计都是趋于实用导向的……该塔的实用优势使得楼下的街道有更充足的光线照进来，通风效果更强，此外，在蓝天的映衬下，塔的轮廓也十分有趣。泛美金字塔雄踞于旧金山市最居高临下的位置之一，因此，它绝不仅仅是挤满桌椅与人员的大容器。我们认为，泛美金字塔是建筑雕塑艺术的典范之作。

——威廉·佩雷拉，1969年

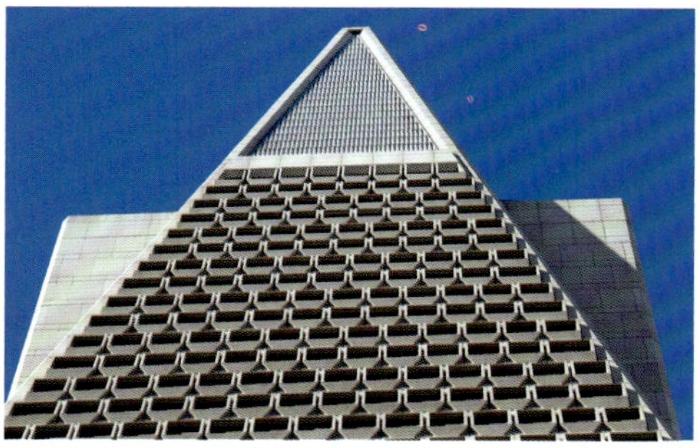

48层的金字塔上巍然矗立着64.6米长的尖顶，大楼顶部覆盖以铝板。无窗的东西两翼设有电梯、消防逃生楼梯、烟塔。

尽管这栋大楼已不再是泛美公司的总部，这个公司仍然沿用泛美金字塔的独特侧影，作为公司的标志。

泛美金字塔为旧金山最高建筑。

从建筑学的意义上来说，一个时代已经终结。建筑大师怀特于1959年去世，勒·柯布西耶于1965年去世，密斯与格罗皮乌斯则于1969年辞世。“生态”与“环保”成了最受欢迎、含义甚广的热词，包含了从控制污染、嬉皮士的生活方式、信息爆炸到渐染T恤衫，以至穹下之城及对未来世界的其他构想。建筑师可分成两个阵营：建筑理论家与实践者。而后者开始偏离现代主义建筑的中心原则——建筑物的设计受制于它的实用功能，开始探索新的形式。建筑物也越来越趋于雕塑艺术。

即便在如此自由的市场环境下，1969年威廉·佩雷拉的新塔设计方案公开时，泛美公司对汹涌而来的阵阵反对声也毫无防备。新闻周刊评论说，“泛美金字塔建在任何城市都是不适合的，无论在设计出炉之地洛杉矶，还是它的归属地拉斯维加斯……尤其是建在繁华喧嚣的旧金山，就更大错特错了”。阿尔文·泽尔弗于1970年在《建筑论坛》发表的文章描述道，“纠察员们头戴老土便帽，看守着泛美公司的办公大楼，大楼的造型设计得与构想中的设计方案一样”。还有“环保工坊、一个都市塞拉俱乐部……旨在加强公众对建筑物的感知程度，会员们传看着印有标题为‘旧金山受骗了’字样的传单”。

建筑师佩雷拉，出生在芝加哥，后来搬迁到加利福尼亚州，这里也是他设计的主要作品的落成地。他认为，选择金字塔的造型主要原因在于，相比传统的盒式建筑，它能让更多的光线照进街道。设计成金字塔造型，佩雷拉绕开了大楼楼面的比例受到的限制，尽管从经济层面上来说，这栋大楼并不合乎情理，因为随着楼层增加，造价升高，并且每个电梯间的空间越来越小。一位工程师建议，如若把上下楼型翻过来建，这栋大楼会更实用。

如今，泛美金字塔这个新颖独特、人尽皆知的楼型成了推广环保建筑的好范例。2007年和2009年的两次翻新改型，使得大楼在绿色能源与环境设计先锋奖（LEED）中从黄金一跃升级到白金级别，获得了最高的绿色建筑系统认证。值得一提的是，一家热电联产工厂提供了整栋大楼70%的电量，供应着全部供热系统，满足了所有的热水需求。尽管多层深色表面会造成热岛效应（如传统屋顶、街道、停车场），大楼的金字塔造型以及白色石英外表层，通过减少热岛效应的出现，从而降低了大楼的制冷能耗。

纽约世界贸易中心

WORLD TRADE CENTER

所在地：美国，纽约

建筑师：山崎实和埃默里·罗斯父子

(MINORU YAMASAKI AND EMERY ROTH & SONS)

纽约世界贸易中心原址上的7栋建筑，在「9·11恐怖事件」中坍塌。数以千计的艺术品、史前文物、图书资料损毁丢失，这些资料本收藏于港务局文档。

1 365 英尺/417 米

110层

钢铁和铝

1972 ~ 1973年建成，2001年坍塌

1972 ~ 1974年是世界第一高楼

我关注的并不是材料或施工，而是关于建筑的精神追求，有时一座不完整的建筑形式甚至比某些集权主义下已完成和建造好的宏伟建筑意义更大。

——丹尼尔里·李伯斯金于纽约，2003年6月17日

（左图）1974年，菲力浦·派堤（Philippe Petit）在两栋塔楼间表演空中走钢索，围观群众欢呼雀跃。之后遭逮捕入狱，他解释说："我看到两个塔，就非走不可。"

（右图）1972～1974年，该塔一直是世界最高建筑，并沿着海滨开发出93 077平方米的新土地，即现在的炮台公园城。

如今不朽的世界贸易中心（WTC），作为大卫·洛克菲勒最为得意的工程，纽约世贸中心始于1960年，当时大卫·洛克菲勒想振兴曼哈顿下城，振兴计划延续到1962年。直到双子塔隶属于纽约州和新泽西州的港务局，并使其两个州发展成为国际贸易的总部。1993年2月，6人死亡，1 000人受伤，在这一令人毛骨悚然的预示下，穆斯林原教旨主义者轰炸了世贸中心（北塔）。

虽然双子塔过分庞大的规模和通用设计被大多数建筑师所诟病，但还是受到了民众的热烈欢迎。海岛的尽头矗立起的一个惊心动魄的双感叹号，评论家亚当·高普尼克恰如其分地评价到。

从未满意地体验过地面生活……它的广场一片贫瘠，寒风凛冽……他们是天空生物。正如纽约人所知，双子塔作为天气晴雨表，肩负着双重职责：通过它所反射的光的方向，来预测当天的湿度和降雨的概率。

2001年9月11日，在它生命的最后一日世贸中心双子塔散发了它宝石般明亮的光芒。上午9点59分，一架被劫持的喷气式客机径直冲向南塔，南塔轰然倒塌，29分钟后，北塔遭受类似撞击，相继倒塌。将近3 000人丧生。

建筑师雅玛萨基（Minoru Yamasaki，山崎实）和工程师莱斯利·罗伯逊设计双子塔时融入了许多结构性的创新。正如罗伯特·斯特恩在1960年的《纽约时报》中所阐述的，"整个框架是一个巨大的钢架，作用几乎像一个轴承壁结构：即，主要是由紧密相连的外柱支撑着。外柱连同它的底梁，形成了一个右直角，或空腹式桁架"。根据美国国家标准与技术研究所2002年发布的报告，如果不是飞机撞击的冲击力使防火材料错位，以及随后多楼层失火，这个强大的框架系统是完全能够经受住飞机的冲击的。"9·11"事件后，兆华斯坦地产承担了双子塔的重建工程的总体开发，双子塔地处非常有价值的黄金地段，但灾难发生后，这个人口稠密的地区，可以容纳4万人工作的大厦，请求于原址上新建纪念博物馆。有些人认为遗址应该作为花园式公墓完整地保存下来，另一批人认为富有进取心的重建才是最好的丰碑。最终，两个阵营都得以满足。

2003年，经过两轮世界知名设计师邀请赛角逐，设计师丹尼尔·李博斯金被选中，进行遗址整体、文化和纪念要素的规划。他的整体规划重申了暴力袭击，渲染了裂缝中的生存，蕴含着希望，以及他所闻名的一套自己独特的富有感染力的建筑表达语言。随后，基于家庭成员、居民、幸存者、目击者、艺术家、建筑专业人士和社区领导制定的指南，举行了一项全球性的纪念碑设计大赛，共产生5 201份意见书。2004年公布，获奖提案"反省缺失"，由建筑师迈克尔·阿拉德设计，景观设计师彼得·沃克和建筑师马克斯·邦德很快加入了纪念馆的设计团队。911国家纪念馆，矗立在橡木树丛中，在袭击事件后的第十个纪念日开发。在2001年和1993年袭击中逝世者的名字都被刻入青铜板中，边缘有两个方形水池，水流倾泻而下，代表着双子塔陨落的巨大足迹。

威利斯大厦

WILLIS TOWER

所在地：美国，伊利诺伊州，芝加哥

建筑师：SOM建筑设计事务所（SKIDMORE, OWINGS & MERRILL）

之前被称作希尔斯大厦，直至2009年被全球保险经纪公司威尔斯集团买下后，后者获得了命名权。

1451英尺/442米

108层

钢铁、铝和玻璃

1974年竣工

1974~1997年是世界第一高楼

世界屠猪城；
工具匠，小麦存储者，
铁路运输工作者，劳动之城；
暴躁、魁梧、喧闹，
巨肩之城。

——卡尔桑德堡《芝加哥》，1916年

(左图)法茨拉·卡恩，富有想象力的超高层建筑设计师，相信建筑的美来源于其结构的逻辑。他创新、经济的建筑设计使得雇主在面对建材和劳动力成本日益上涨的情况下仍能拥有更高层建筑。

(中图)布鲁斯·格雷厄姆的设计和城市规划深刻影响了芝加哥和全球城市，形成的建筑风格如他自己所说"远离时尚的喧嚣，简单地陈述真相"。

(右图)威利斯大厦的拥有者请阿德里安·史密斯+戈登·吉尔建筑事务所为这座1973年落成的地标建筑进行翻新，使其更加节能环保。仅替换下原先建筑的16 000张单页玻璃就节省了高达50%的热能。

随着希尔斯(现称：威利斯)大厦和之前约翰·汉考克中心的落成，芝加哥——这个在建筑创新方面引以为豪的城市，终于有了属于自己的超高层建筑。两座建筑的设计师布鲁斯·格雷厄姆和法茨拉·卡恩是SOM建筑设计事务所的合伙人，当时世界上最大的零售企业西尔斯罗巴克公司找到他们，希望由二人设计建造一所总部，可以容纳公司庞大的员工队伍，保证企业的高效运作。

大厦截面(平面)随层数增加而分段收缩，在51层以上切去2个对角正方形，67层以上切去另2个对角正方形，91层以上又切去3个正方形，只剩下2个正方形到顶，从外面看，希尔斯大厦有7个平台，宽阔的底楼层面供希尔斯员工使用，面积稍小的高楼层面则提供给租户。本质上看，设计师卡恩造型简洁但极其稳定的建筑构造很简单：整个大厦由9个高低不一的7平方米的筒状建筑集束在一起组成，其中只有2个直升到顶，达到了442米。各个束筒彼此相互独立，风力和剪力通过大厦的主体分散到各个束筒上，每个只承担了一部分的力量，从而增强了稳定性。

大厦在建筑节能方面被奉为始祖，但让它受到更多关注的原因在于其在外观造型上的创举。自从严谨的现代主义建筑理念被人们所接受后，建筑的外观造型就像制服和公文包一样大同小异。希尔斯大厦外部用黑铝和镀层玻璃幕墙围护，整个建筑由不同层高的束筒组成，既不同于自德国建筑大师密斯·凡·德·罗时流行的单调矩形外观，也同早期摩天大楼优雅、纤细的外形设计区别开来。

路易斯·沙利文曾反复宣称："一座建筑就是一项法案"，暗示建筑本身所承担的道德和审美责任。同样，格雷厄姆在描述希尔斯大厦时也说"它是一件工具，目的是为了完成一个城市人们的任务、活动和目标"。与任何名人一样，这座地标建筑也遭到过人们的非议。广场吹过的风曾使建筑内的人们感受到明显的摇动，由此引发人们的广泛质疑。"9·11"事件使得人们对于高层建筑敬而远之，尤其对于像希尔斯大厦这样的地标建筑更是如此。事实上直到几年以后大厦的使用率才慢慢回升。

阿德里安·史密斯+戈登·吉尔建筑事务所目前正在对大厦进行翻新，届时它将在环保节能方面获得新生。事务所为优化大厦的能源使用设计了诸多方案，例如安装太阳能光电板、风力涡轮电机，建造绿色屋顶系统、玻璃上釉和光源控制等，这些都将大大降低大厦的能源消耗，并为人们提供了一个更加健康的工作环境。翻新工程结束后，希尔斯大厦将会成为节能环保的设计典范，进而推动芝加哥角逐美国最绿色的城市。

1974年，当大厦的观景台为游客开放的时候，因为都热切地想要鸟瞰脚下的城市，人们总会在玻璃幕墙上留下自己的前额的印迹。2009年，当初的设计公司SOM建筑设计事务所和工程师哈尔克罗设计了四个玻璃箱，从大厦外墙延伸出412米，俯瞰瓦克大楼和芝加哥河。站在玻璃箱中人们会有一种悬浮空中的自由(或晕眩)感。

约翰·汉考克大楼

JOHN HANCOCK TOWER

所在地：美国，马萨诸塞州，波士顿

建筑师：亨利·N·科博，贝聿铭建筑事务所（HENRY N. COBB, I.M. PEI & PARTNERS）

这座因为工程超期数年、预算超支数百万而一度成为波士顿声名狼藉的建筑，很快华丽转身，与另外两座比邻建筑，三一教堂、波士顿公共图书馆，一道成为波士顿地标建筑。

790 英尺/241 米

62 层

钢铁和玻璃

1976 年竣工

它（约翰·汉考克大楼）拥有整齐划一的菱格状、反光玻璃外观，省略了任何让人联想到其他特质的设计元素。这种设计缓和了大楼尺寸巨大所带来的视觉不适，而对于尺寸略小的比邻建筑，这种设计则充分衬托出了它们丰富细腻的雕塑美感。

——亨利·N·科博，1980年于哈佛大学设计学院演讲

新建约翰汉考克大楼的玻璃幕墙可以清晰地映出另外两幢早期的汉考克大楼，分别是由帕克和莱斯设计的克拉伦登街大楼（1922年），由克莱姆和佛格森设计的托马斯伯克利街大楼（1947年）。

从保德信中心顶端远眺约翰汉考克大楼和波士顿后湾区。

约翰汉考克大楼与另外两座19世纪的建筑杰作共享科普利广场，分别是理查德森设计的三一教堂（1877年，如上图所示），米德和怀特设计的波士顿公共图书馆（1895年）。

今天阳光灿烂，你开车驶入波士顿，忽然发现一面巨大而空灵的镜子跃然眼前，这镜子仿佛飘浮于城市的天际线之上。任何一个看到约翰·汉考克大楼镜面设计的人都会体验到魔术般神奇消失的观感，进而感受到这座建筑的设计精髓。

这个项目由贝聿铭建筑事务所亨利·N·科博负责，项目在历史悠久的科普利广场破土动工之时就引起了波士顿居民的不满。科博说："有一段时间，大家就是觉得这桩楼不顺眼。"1972年，因为大楼偶尔会有玻璃从铝竖框里突然脱落，玻璃碎片可能伤及行人，警察不得不封锁广场。大楼地基在建时，三一教堂的稳定性因其位置在大楼附近也受到影响。因此，又增加了几吨钢铁支柱用来加固地基结构，那几扇让人心惊胆战的窗户也换掉了。

汉考克大楼成功逆袭之后，现在被称为"汉考克大厦"，不仅成了波士顿的地标建筑，更成为日后一系列全玻璃幕墙建筑设计的原型。西格拉姆大厦通过在大楼正面应用工字梁突出强调它的钢铁构架。而与西格拉姆大厦不同的是，汉考克大楼的外观从底层到顶层全部由棱镜玻璃覆盖，隐藏了所有建筑的痕迹。大楼北面和南面各有一个三角形凹槽，使得大厦几何设计的纯粹性和平面性更加突出。

科博在这个项目的主要挑战是调和新建大楼与历史性建筑三一教堂之间在尺寸和时代上的不一致性。他的解决方案是将两幢建筑物在距离上拉近，把约翰·汉考克大楼定于教堂对角线的位置，那么教堂将成为这个组合的中心。而有反射作用的约翰·汉考克大楼将成为教堂的附属物，教堂的外观将完美的映照在大楼的棱镜表面。

约翰·汉考克大楼对于比邻建筑——三一教堂、波士顿公共图书馆、另外两座汉考克早期大楼和后湾区的方格式街道，默契的配合，充分说明了建筑物周围环境这一因素在决定设计方案中的重要性。约翰·汉考克大楼的极简玻璃幕墙，避免了所有结构上或历史上的其他联想，完美映照出了周围建筑物的丰厚底蕴。

"建筑物让城市生活更美好"是"城市美化运动"的宗旨之一，这项运动在19世纪初进行得如火如荼，认为包括所有公共设施、建筑物甚至路灯在内的城市，要能提升整个社会的精神面貌。每个城市都有可能成为太阳升起时山上那个熠熠生辉的城市。约翰·汉考克大楼，以及在科普利广场周围庄严堂皇的前期建筑，是这项运动的神圣守护者，守护着对于城市发展的集体理想价值观，而不是个人的小市民价值观。所以波士顿马拉松比赛的终点线设在这个市区集群的中心位置也不是什么让人惊奇的事情了。2013年博伊尔斯顿街爆炸事件发生时，距离终点线只有几码，你好像还能听到这些建筑物在诉说着什么，对参赛人员、受伤人员和救援人员的呼喊，更重要的是，对这个盛大的公共庆祝活动能在这个盛大的公共空间里继续进行的殷切希望。

桃树广场宾馆

PEACHTREE PLAZA HOTEL

所在地：美国，佐治亚州，亚特兰大

建筑师：约翰·波特曼和同事们（JOHN PORTMAN AND ASSOCIATES）

顶层旋转餐厅、宽阔的中庭、出色的照明系统，桃树广场宾馆第一次让人们认识到每一个宾馆都可以是一个剧场，表演可以持续进行。

723英尺/221米

73层

混凝土和玻璃

1976年竣工

像自然界中的任何事物一样，想要存在并繁荣，整合是必不可少的。只有内部因素和外部环境达到平衡，真正的和谐才能实现。

——约翰·波特曼，1992年

天窗透过的自然光倾泻在中庭。自20世纪60年代，波特曼的设计充满着各种形状：圆和正方形分布在二维和三维空间中，竖直的结构被同样竖直的形状贯穿其中，粗糙的混凝土表面与奢华有机的材料相映成彰。

宾馆的混凝土轴心像一棵大树矗立在大楼中央。

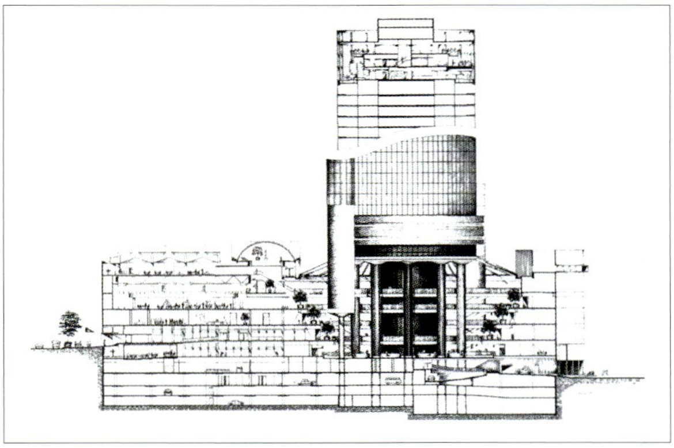

大楼的纵截面展现了波特曼为解决大楼在狭窄矩形地址上选用的圆楔、方孔设计：覆盖整个地基的底层大厅可作为公共空间和聚集场所，75层的玻璃大楼则作为客房。

我们当中许多人都有这样的经历：被热切向我们展示城市风貌的主人拽到一个顶层旋转餐厅，那里高脚酒杯的形状十有八九是模仿了宾馆的外形。可能我们也曾经拽别人去过旋转餐厅。没关系，这不是重点。重点是由高雅的桃树广场宾馆（即现在的威斯汀桃树广场）首创的设计——在宽敞中庭顶端建造一个旋转玻璃餐厅，引发了宾馆建筑的新潮流，使其成为标准配置。

与其他许多同行不同，建筑师约翰·波特曼同时也是其名下建筑作品的开发商，桃树广场宾馆就是一例。这座73层的大楼将实用和浪漫元素融合在一起，波特曼在谈到大楼高度和建材的选择时如此说："可行性研究表明如果要获得可观的投资回报，大楼至少要有1 000个房间。混凝土被选为基本的建筑材料，一方面可以使建筑进程更快，另一方面也能最大限度地降低成本。"在谈到玻璃的使用时，他从艺术的角度谈道："（使用玻璃）可以使客人觉得与自然和房间之外的空间融为一体……空间在玻璃的导演下没有淹没人的精神，反而使其得到了升华。"

将这座混凝土建筑同自然类比的例子数不胜数，从古代巴比伦花园到位于丹麦首都哥本哈根的蒂沃利公园，仿佛在宾馆内部有一个热闹的伊甸园。1987年修订的建筑设计在大厅规划了2 023平方米的湖泊，配有瀑布、空中花园、花草树木、鸟和鱼类。2010年，从顶层旋转餐厅的玻璃开始，大楼进行了整体翻新，玻璃幕墙进行了更换，采用了原先玻璃厚一倍的高性能玻璃。令人赞叹的是，宾馆在翻新期间一直保持营业。

在很大程度上，波特曼设计的成功之处在于他在盈利与快乐、梦幻之间取得了平衡。中庭使入住的客人感到一切井然有序，而阳台、桥梁和扶梯又使他们感到仿佛置身于一个时刻变化的万花筒中。客房集中在一栋独立的大楼中，外面由镜面玻璃覆盖，曾经是世界最高的宾馆建筑，现在也是位于城市天际线的一道独特景观。桃树广场宾馆同其他高楼一起，为亚特兰大吸引了大量的观光游客，在这里，人们可以在顶层的旋转餐厅里品尝美味的同时俯瞰城市的美景。

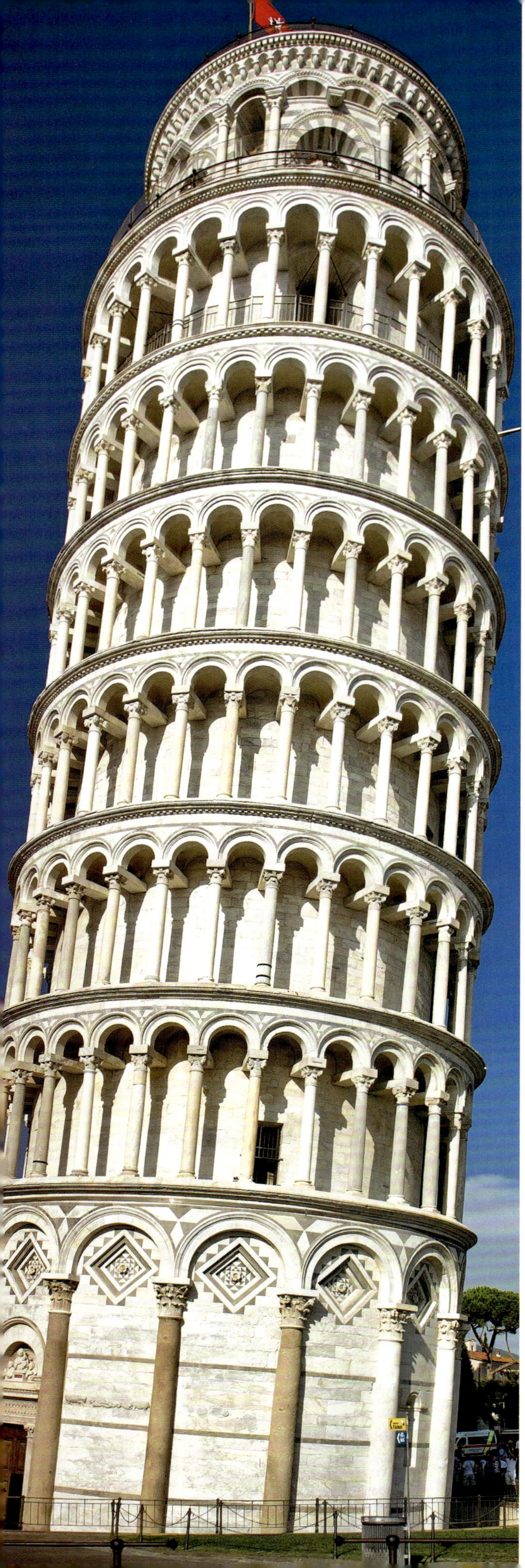

塔　楼

当今塔楼之高是古苏美尔人在纸草卷上画塔时所不能想象的。自古以来，一座座高塔记载着建造者们的文化，也象征着人类内心对摆脱世俗和重力桎梏的渴望。今天，天朗气清，你就能看到天际。曾经只有神明才能见到的全景，如今不用费什么力气，就能通过各种途径欣赏到。

归根结底，人类之所以对塔式建筑如此痴迷，是源于我们独特的行走方式：直立行走。确实如此，要不是在睡觉或者已经过世，我们总是保持直立。无可辩驳的是，从我们将手指抬离地面那一刻开始，人类便坚持了这种姿态，直到它渗入人类精神，成为构成人类的一部分。

此后，直立一致被赋予一种死亡等未知领域所带有的神秘权威。高度经常让人联想到灵性，在大多数宗教的建筑中都能见到神圣的塔楼，这都不足为奇，因为天堂就在高处。不仅如此，对权力的渴望也驱使人类建造塔式堡垒，借此震慑外敌，监视来袭敌军的动向。而其他类型的塔，像引人注目的尖方塔和石柱，则用来纪念政治领袖，上面雕刻的象形文字记录着他们在位时所建的功勋。

在历史和文学作品中，塔的故事比比皆是。上帝惩罚了巴别塔的建造者，因为他们胆敢将塔建到如此高度；十字军东征归来后，狮心王理查被囚禁在他所建的塔中；安·博林在塔中等待命运的安排；长发公主拉庞泽尔将头发从高塔上垂下来；为了新领悟，哥白尼、马丁·路德、卡尔·荣格将自己关在了僻静的塔中。

欧文·海因勒和弗里茨·莱昂哈特的《塔》是一本关于塔建筑的经典百科全书，其中不乏能够说明塔建筑历史之悠久、类别之丰富的例子：有300个尖塔坐落在也门，法兰西岛有1 200座塔建筑，贝拿勒斯有1 000座塔，而印度还有几百个这样的寺庙区。

19世纪，多亏居斯塔夫·埃菲尔和奥古斯特·佩雷在钢铁及钢筋混凝土方面的工程创新，高塔的功用凸显了出来。有些塔作为商业投资，被建来观景；有些塔式建筑则是为了世界博览会或者奥运庆典而建，成了具有象征意义的纪念地。20世纪60年代，大众

旅游的兴起再度刺激了塔楼的发展。大部分塔楼的设计突出其多重功能，一般都少不了旋转餐厅、酒吧、观景台、礼品店，以及一些类似水族馆、动物园、博物馆和植物园的设施。斯卓脱斯非尔塔上的“云端教堂”不仅提供高空婚礼，还为肾上腺素饥渴玩家提供了“天空跳”——一种受到控制的从108层楼开始的自由落体——毕竟是在拉斯维加斯！

如英国的阿塞洛·米塔尔轨道塔，西雅图的太空针塔，慕尼黑的奥林匹亚塔，巴塞罗那科塞罗拉塔，蒙特利尔塔是为奥运会建造的。蒙特利尔塔高175米，是世界上最高的塔斜，比意大利比萨斜塔高100多米。

东京天空树是2012年以来最高的独立式结构，设有两个观测站、一个大型购物中心和许多其他设施。开发商本打算把它建到广州塔（2009年）的高度，最终却多建了24米，总高度634米，因为6（mu），3（sa），4（shi）这3个数字的日语发音放在一起，正好是此塔所在地区原来的名字（Musashi）。尽管天文台售票处前排着长队，但天空树的主要功能还是发射广播电视信号，不受干扰。发射信号的设备必须放在最高的地方，才能避免被高楼阻挡。这座城市的宠儿，以埃菲尔铁塔为范本建造的东京塔高333米，就是因为附近摩天大楼一座座拔地而起，遮挡信号，而不再适合用于广播。

坐落在多伦多的加拿大国家电视塔高553米，自1976年落成起，连续30年排在全球最高独立式建筑榜单的首位。它的观测台地面部分使用了加固玻璃。因此，如果你够胆大，可以透过脚下的玻璃，俯视1 122米下的地面。该塔的建造过程十分曲折，与众不同。“天空之盖”外形酷似甜甜圈，共7层，内设餐厅和观景台。它是用钢架构起来，在地面建好，然后吊到距地表203米的位置的。而塔身顶部的金属天线部分则是通过巨型斯克斯基直升机，将一块块巨大的金属运到半空，组装而成的。直到2009年广州塔落成，加拿大国家电视塔一直是世界第一高塔；没过多久，广州塔的高度也被超过。在奥雅纳工程顾问公司的参与下，该塔外部使用钢架，中心是混凝土；当钢架上升到高空后，便产生了变形。每当夜幕降临，地标建筑加拿大国家电视塔灯光熠熠，是整个城市的灯塔。世界第四高的独立式建筑是莫斯科的奥斯坦金诺塔。排在第五位的是上海的地标建筑东方明珠塔（1995年），塔身包含11个圆球（由此得名），这些球体串联在一起，在灯光照耀下，像是一架随时就会腾空的火箭，给人一种未来世界的感觉。

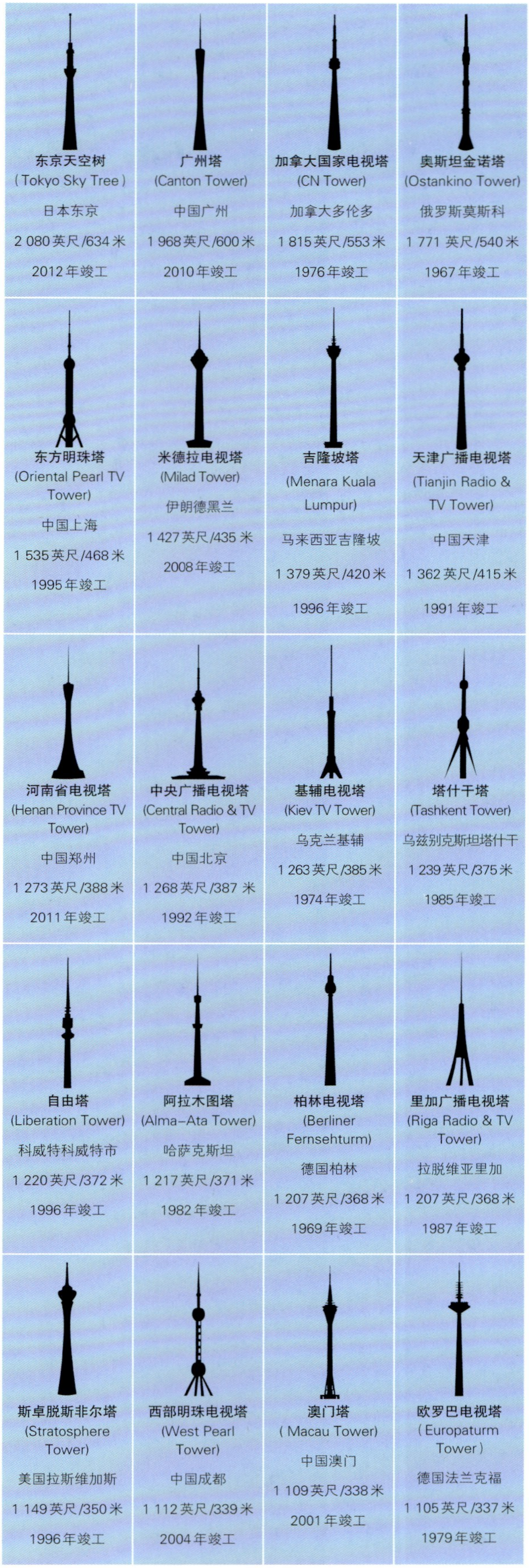

世界超高塔楼（按高度排名）。

花旗集团中心

CITICORP CENTER

所在地：美国，纽约

建筑师：斯塔宾斯建筑师事务所，埃默里·罗斯建筑师事务所（THE STUBBINS ASSOCIATES, WITH EMERY ROTH & SONS）

花旗集团中心建在教会的上方。大厦基座由方柱架起，距离街道平面有十层高。巧妙的是，每支方柱位于大楼每一面的中央，并不是立在四角。

914英尺/279米

59层

铝、钢铁和玻璃

1977年竣工

当离开这个世界时，我们会留下什么样的建筑遗迹，最能说明我们对生活品质的重视程度。

——休·斯塔宾斯《建筑学设计经验》，1976年

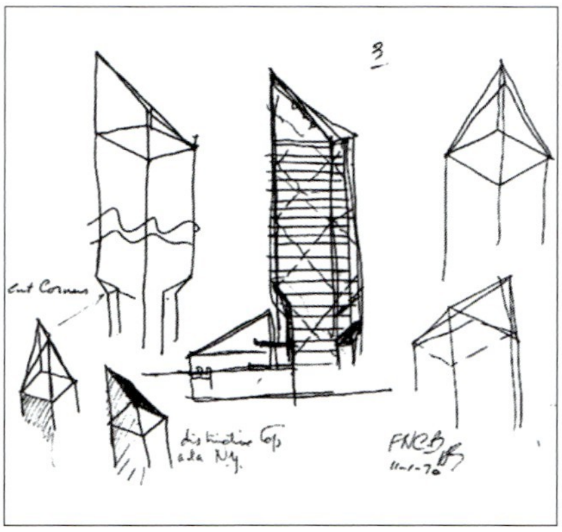

（左图）在设计之初，斯塔宾斯为大厦画了多个斜背式楼顶草图。花旗集团中心使用了铰接式的基座、中段和顶部，是首批突破国际正统式样的高楼。

（右图）四支34.7米高的梁柱支撑着整个大厦，而地铁入口就在梁柱正下方。

建筑师休·斯塔宾斯在1970年写给客户的一封信中说道："大型企业具备先进的道德和社会观念，我们必须借用它们的资源，为企业团体建设能体现员工人性风采的新型办公楼。"这个客户就是亨利·米勒，时任第一国民城市银行（现名为花旗银行）的副总经理职位。七年后，就在美国东北部的建筑工程因经济危机纷纷停建时，花旗企业中心（今天的花旗集团中心）竣工了。该大厦屹立在曼哈顿中心，生动地传达着斯塔宾斯崇高的设计理念——精良的设计能改善个体生活。

令人惊讶的是，作为一股全球金融力量，花旗银行新总部大楼的设计却受制于一座教堂。从1862年起，这个地址就是圣彼得路德教会的教区范围，而大厦所选地址的30%面积，是供该教区支配使用的。圣彼得教会答应将原教堂出售拆毁，但要求在原址建起一座具有其独特风格的新教堂，而且"只要头顶自由天空"。竣工的新教堂外部使用了灰色的花岗岩，磐石般的外观和教堂的名字十分匹配。

不仅如此，圣彼得教堂的教众希望延续他们的好客传统，于是，斯塔宾斯和教会一起说服花旗银行引进商店、餐馆，并设立一个公共广场，来活跃街景。20世纪70年代初，不少开发商为了获得楼面面积红利，纷纷赞颂曼哈顿的区划奖励，然而他们的广场连长凳都不过关。

结构工程师威廉·勒梅萨里尔在大楼竣工不久，发现结构支撑的设计有很严重的欠缺，如遇劲风，可能会造成灾难性的后果。针对这个问题，大楼在1978年悄然进行了应急改造，在关键节点焊上了合金板。1995年，刊登在《纽约客》上的一篇文章对此事进行了说明，促使对工程建筑群体职业道德的重新评估，这个严重问题才为世人所知。尽管在他漫长的职业生涯中，勒梅萨里尔进行了多项结构创新，其中包括首次使用调谐质量阻尼器，大幅减少了花旗集团中心高楼间的风诱导运动，但是很多人依然认为他事业的最高点出现在他为了公共安全，不惜牺牲个人利益的时刻。

花旗集团中心在第一次石油危机后建成，配备了早期的能效设备，如热回收系统，低亮度的照明，双层电梯。塔楼的屋顶高49米，倾斜45°，而且作为高楼，首次设置了调谐质量阻尼器。阻尼器采用惯性原理：在一块油板上设置了一个重400吨的混凝土块，当大厦发生运动时，混凝土块也会向同一方向运动。当大厦往回运动时，混凝土块也会往回运动，此设备能够减少大厦移动达50%。

花旗银行需要的正是这样一个具有独一无二、清晰可见特性的总部大楼。和它的纯朴的铝制玻璃外观一样，大厦倾斜的楼顶使它在平顶大楼间具备很高的辨识度，如同近旁的克莱斯勒大厦和帝国大厦一样，花旗集团中心如今已成为一个天际地标建筑。不仅如此，大厦中的共享空间也很受欢迎，有许多人使用，可谓花旗集团最好的广告。

瓦克大道 333 号

333 WACKER DRIVE

所在地：美国，伊利诺伊州，芝加哥

建筑师：KPF 建筑师事务所（KOHN PEDERSEN FOX ASSOCIATES）

瓦克大道333号是首批拔地而起的后现代摩天大楼，其设计标志着建筑回归重视结构、体量和材料的传统。

487英尺 / 148米

36层

钢铁、玻璃、花岗岩和大理石

1983年竣工

如果你使用石材、木材、混凝土，你能建房，建宫殿，这叫建造，需要独创性。但是，如果你的建造触及了我的灵魂，让我受益了，我高兴地说："它很美。"这就叫做建筑，需要艺术性。

——勒·柯布西耶《走向新建筑》，1923年

（左图）瓦克大道333号办公大楼的动态外形常被比为康斯坦丁·布朗库西光滑流畅的抽象雕塑作品《空间中的鸟》（1928年）。

（右图）底座正面的建材比较复杂，灰色的花岗岩上间插着条状绿色大理石，大理石八角柱选用了黑花岗岩和绿色的大理石，扶手用了不锈钢材质。圆形排气孔被处理成了装饰性的大奖章。

从芝加哥河对岸看瓦克大道333号大楼，景色十分壮观：大厦沿着弯曲的河道延伸，形成一个优美的弧线，玻璃正面映射着这个城市历史和财富之源，芝加哥河。楼顶是一个直线型的凹槽，凸显了这座办公大楼和它身后卢普区其他大型石头建筑的重叠几何构造。

该建筑是由KPF建筑师事务所设计的第一座摩天大厦，这家合伙公司后来又设计建筑了一大批国际商业高楼。20世纪70年代末，一股新的建筑风潮兴起，罗伯特·斯特恩将其称为"后现代主义流派"。这种风格的建筑设计放弃使用"国际风格"中常见的带有棱角的玻璃盒，而更倾向于使用能凸显被K·弗兰姆普敦称作为"建筑的韧带"的铰接式结构。瓦克大道333号大厦是首批回归重视结构、体量和材料传统的后现代建筑。

瓦克大道333号基底（石质）、楼身和顶部（纯玻璃）用材的反差使大厦顶、中、底界限分明。威廉·佩特森在大厦的设计中注入了文艺复兴时期的建筑理念，这种理念在19世纪被广泛探索，特别是在路易斯·沙利文的建筑设计中。大厦基底繁复的装饰不仅是对以往芝加哥的石造建筑杰作致敬，同时也展示了当代建筑的非承重能力。

瓦克大道333号的高度在芝加哥市并不显著，它引人注目的地方是它将劣势变为优势的巧妙设计。大厦的建筑地盘位置突出，但却呈三角形，为建筑师们提供了一个难题，他们花了3年时间才定下这个建筑方案，而那块地可空了3年。为了适应芝加哥河的走势，大厦的正面被设计成弧形，而背面设计成方形，则是为了融入卢普区的几何网格。大厦整体呈椭圆形，与众不同，这是因为开发商为了最小化河街边界高架火车轨道的影响，要求KPF事务所去除建筑四角。为了不让写字楼租户受到噪声侵扰，大厦的机械系统被安置在2层的大厅上方，提供了一个4层楼的声音缓冲区。

大厦相对简洁的玻璃表面，独特的蓝绿色颜色让它从近旁的石质建筑中凸显了出来；而且，这种材质选择还节约了资金，为用大理石、花岗岩、不锈钢加固基底提供了条件。大厦的4层基底带有一个绿色大理石柱拱廊，可供行人通行。而建筑基地2.7米的级差被设计为美观的多级台阶，可供人们坐下休息。大厦从1983年落成只翻修过几次，其中一次是2006年对广场的修缮。

马克·吐温在1883年称芝加哥是"一个人们不断追逐梦想、创造新机会、获得新成功的城市"。精巧美观的瓦克大道333号大厦就是一个生动的例子。

国家商业银行

NATIONAL COMMERCIAL BANK

所在地：沙特阿拉伯，吉达

建筑师：SOM建筑设计事务所（SKIDMORE, OWINGS & MERRILL）

这座国家商业银行大厦曾被视为世界上最抽象的摩天大楼，它的设计源于几百年前的通风遮阳建筑理念。

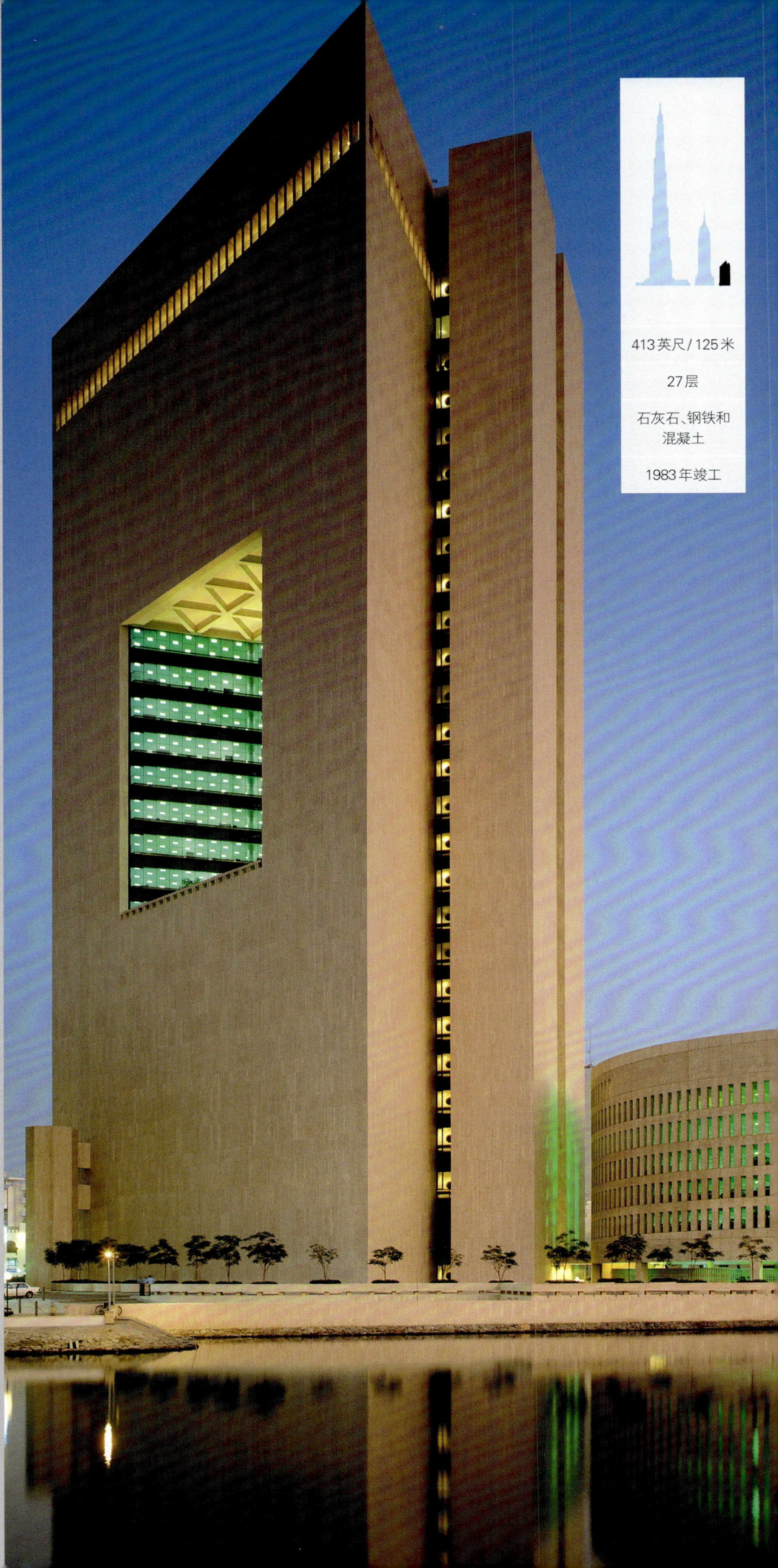

413英尺/125米

27层

石灰石、钢铁和混凝土

1983年竣工

戈登·邦夏不畏当时现代建筑被广泛质疑的现实，设计出如此庞大的建筑，着实展露出他传奇的正直倔强的个性。

——梅芙·斯莱文《室内设计》，1985年

位于吉达的阿卜杜勒国王阿齐兹国际机场的朝觐航站楼是由法兹勒·可汗设计的。

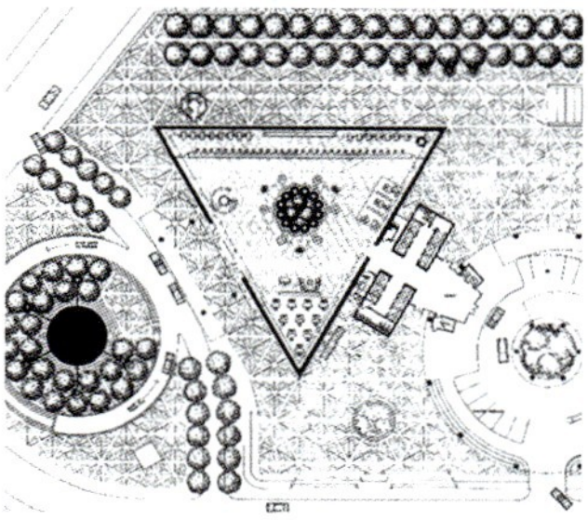

从规划图看出，这个建筑工程是由一个三角形办公区和一个圆形停车区域组成的，停车区在一个12 140平方米的不规则广场上。

6层高的混凝土停车区，从上方看，与办公大楼的几何形状和包层相呼应。

公元前7世纪，伊斯兰教兴起，吉达离伊斯兰教圣城麦加72.4公里远，从那时起，这座港口城市便成为穆斯林进入麦加朝觐的门户。近代，吉达逐渐演变为一个金融中心，成为沙特阿拉伯面向西方世界的商业窗口。从当地建筑风格可以看得出，吉达是一个石油大亨和贝多因人相混杂的国际化都市。本土建筑多是珊瑚石雕制的，窗户由木条拼成的高楼，一幢幢伫立在阿拉伯的炙热日头下。

已故SOM设计合作伙伴戈登·邦夏在吉达创造了两座全然不同的建筑，将他富有影响力的事业推向了高峰；这两部作品将塑造这座城市的两股不同力量——宗教和商业融合了起来。这两部杰作分别是不同凡响的朝觐客运大楼（1981年）和气势雄伟的国家商业银行大楼。前者场地面积182 100平方米，上方设玻璃纤维的帐篷，可以容纳成千上万的麦加朝圣者。

找到SOM为中东最大银行设计新大楼的高管都事业成功，风度温雅，其中许多接受的是美国教育，对当代建筑比较熟悉。邦夏这么概括国家商业银行对他的要求和自己的成果：“他们要的建筑，首先要伟大，其次要与众不同，最后要高。阿拉伯人不考虑光线，因为他们的阳光太充裕了。”

银行的结构庞大但颇具匠心；27层的塔楼呈三角形，表面是光滑的罗马洞石包；圆形停车区域的窗户虽狭窄，但间隔富有规律，使空间变得活泼起来。3个巨大的洞嵌入大楼立面，像一张神秘的面纱一样挂在那里；每个洞有31米宽，从洞口可以欣赏到红海和古城区建筑景色。大楼有一串嵌入式的小窗沿着最高行政楼层延伸，为大楼增加了一种点状的简约点缀。为了增加占地面积，楼梯和机械服务被安置在了塔楼一侧的一个独立的矩形脊柱中。

这座大楼的设计受到几百年前的通风遮阳建筑理念启发。国家商业银行使用传统伊斯兰建筑风格，讲求室内空间为居住者遮风避阳的原则，因而十分节能。楼面几乎没有设置窗户，这样就降低了取暖和降温成本。阳光洒入3个内部天井，天井在三角轴的两侧交换位置，从而为V形楼层阻隔了直射光线和风。大楼中央的通风井从一楼延伸到楼顶，可以使天井中炎热的空气一路上升，离开大楼。这是对吉达狭窄街道将气流挤入空中原理的垂直使用。大楼内部装饰着带图案的大理石等丰富材料，与伊斯兰艺术奢华抽象的一面相呼应；大楼的机电系统也同样很考究。

国家商业银行大厦外形单调，几乎没有比例感，斯坦福·安德森在卡罗尔·金斯基撰写的专著中称之为“有史以来建造的最抽象的摩天大楼”。此楼的设计曾经受到各种批评：尺寸过大，风格过于严肃，与周围环境格格不入，特别是跟吉达老城区错综复杂的街道和丰富多彩的集市不协调。虽然包裹在神秘的氛围中，这座塔楼仍是一种纯粹的形式表达。

索尼大厦

SONY TOWER (AT&T BUILDING)

所在地：美国，纽约

建筑师：约翰逊/伯吉建筑师事务所（JOHNSON/BURGEE ARCHITECTS）

菲利普·约翰逊设计的这所大楼墙面使用磨光花岗岩，基底高大。顶部是一个带有圆形凹口的三角形山墙，落成不久，便被比作齐本德尔式五斗橱。

647英尺/197米

37层

钢铁、花岗岩和铜

1984年竣工

美国电话电报公司大厦（AT&T电报大楼）地标建筑的地位不容置疑：没有哪座建筑像AT&T电报大楼那样全然违背毫无装饰的玻璃盒子的虚无主义……它让美国企业见识到了摩天大楼的表达能力。

——罗伯特·斯特恩《现代古典主义》，1988年

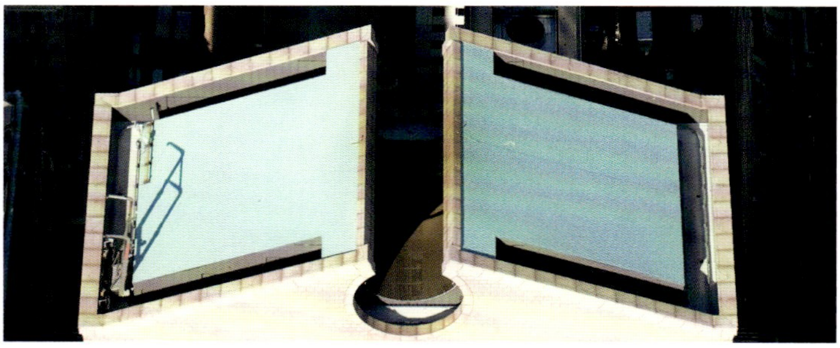

大厦独特的齐本德尔式楼顶的鸟瞰图。

麦迪逊大道入口的形状和节奏仿照了帕齐礼拜堂的柱廊。该教堂位于佛罗伦萨，建于15世纪，由建筑师布鲁内莱斯基所设计。

“这座大厦被写得太多了”，1984年，菲利普·约翰逊在一张参展的AT&T电报大楼的照片上潦草地写下这么一句话。据知，约翰逊并不躲避舆论，因此，这句话足以反映出他的争议性设计所受的褒贬之多。

约翰逊用AT&T电报大楼（现在的索尼大厦）唤醒了被单调的玻璃钢现代主义建筑麻痹了30年的大众。在那个时代，几乎每一个设计公司大楼的建筑师都使用了这种诠释手法。颇具讽刺意义的是，将现代主义的主要人物、国际风格（此标签为约翰逊所杜撰）的创始人密斯·凡·德·罗介绍到美国的正是约翰逊。这件事发生在1932年地标建筑展览上；那次展览在现代艺术博物馆举办，题为“国际风格”。

像他已故的朋友安迪·沃霍尔一样，约翰逊有一种捕获某个特定历史时刻的精神的奇能。AT&T电报大楼建成的历史时刻是20世纪80年代。当时，里根夫妇所主持的美国沉醉于企业并购和百万美元高薪带来的财富诱惑。而在坐落地纽约，它象征着纽约从《纽约时报》所描述的“持续十年的城市悲痛和企业流失”中振作起来。厌倦了他虔诚遵守的现代主义建筑规约，约翰逊开始研究古典形式和大约半世纪前标志着摩天大楼黄金年代的独特楼顶。在对这一时期和文艺复兴以来各类历史风格深入研究后，约翰逊设计了这么一幢有着独特造型、带着缺口的三角墙楼顶的摩天大厦。

对约翰逊审美失误的指控集中在大楼单调的轴和开窗设计，对历史风格漫不经心的拼凑，以及大楼夸张的顶部，后者尤其受到谴责，被认为是一种“抽认卡”式的伎俩，一心为了让她的天际线能吸引人们的注意力。但是，大厦巨大的门廊却受到了广泛称赞；门廊高达19.8米，由弯曲的花岗岩石墩和拱门构成，使大厦在街面上十分美观。

2002年，美国电话电报公司将大厦出售给了索尼集团。2013年，索尼将它卖给了切崔特集团。后者打算将大厦开发成一个豪华公寓、酒店和高端零售商店的混合体。索尼公司在未来几年将以租用的方式在该大楼中办公。

这座高楼将摩天大楼设计引入了一个新时代。美国电话电报公司是第一座回答了“后现代主义究竟是什么”的高楼，尽管这个答案有些轻率。不仅如此，它还将建筑师从传统建筑风格的规约中解放了出来。

与菲利普·约翰逊的访谈

菲利普·约翰逊（1906 ~ 2005年），美国政界元老，建筑界顽童，用他的谑语或建筑界的俏皮话“效果第一”，吸引并激怒了这个世界。在几乎横跨整个20世纪的建筑生涯中，他或逢褒扬或遭贬斥，全因贯穿于他一系列作品中的独特气质——变化。约翰逊挖掘着孕育了凡尔赛及迈阿密滩的双重文明，并将它们融合，成就自己的风格。他拒绝复制从1949年著名的私家住所，康涅狄格州纽卡纳安“玻璃屋”开始的早期作品。约翰逊其他的里程碑式的作品包括与其导师密斯·凡·德·罗共同设计的西格拉姆大厦（1958年）以及坐落其中的四季餐厅（1960年），现代艺术博物馆的艾比·艾德瑞其·洛克菲勒雕塑花园（1953年，约翰逊曾是现代艺术博物馆建筑设计部的第一任主任，并成为欧洲现代主义者的翘首），以及加利福尼亚州加登格罗夫水晶大教堂（1980年）。他有很多摩天大楼作品，包括休斯敦潘索尔大厦（1976年）、哥特式的匹兹堡平板玻璃公司大楼（1984年）、休斯敦美国银行大厦（1983年，现美国中心银行），以及坐落于纽约的后现代风格的电话与电报公司大厦（1984年，现为索尼公司大楼）和椭圆形的“唇膏大厦”（1986年）。约翰逊揽获了建筑界的最高荣誉，1978年获得AIA金奖，1979年成为获得普立兹克建筑奖第一人。他兢兢业业工作到生命的最后一刻，毕生追求着他的愿望：“（我们）最终应关注建筑创造最重要、最有挑战性、最让人心满意足的目的：建造供人居住的城市。”1996年他接受了《摩天大楼》初版所必需的采访，以下是1996年专访的摘要。

杜普雷：如果您能带领读者穿越时空，您想带他们去哪儿？

约翰逊：我想有趣的问题是为什么人们总想把楼往天上建。我想是因为支配欲，或是为了接近上帝，或者为了个人的荣耀——金字塔是一个例子，高楼大厦很显然是另一个例子。每一个文明都受到这种欲望的影响，阿芝台克人的大楼梯，中国的宝塔，南印度的寺庙，乌尔姆的哥特式大教堂。他们都达到了了不起的高度。

在商业社会出现了摩天大楼，因为我们没有任何宗教信仰要表达。但它是一种表达，而不是经济需求的结果。它是一种想要到达天堂的欲望的表达——对人们一直撰书立说的这种钢筋骨架不太感兴趣的人也有这种欲望，不管是洛克菲勒中心的洛克菲勒先生还是芝加哥的建筑师们。这是一种向上的努力，最好能达到威利斯大厦的高度。

对于是什么导致了摩天大楼的出现，人们各持己见，但实际上在所有的文化中都只有一个原因，那就是宗教信仰或达到目标的荣耀。我们的商业摩天大楼是商业世界激烈竞争的结果。从美国开始，因为他们有技术、懂门道，在芝加哥，也在纽约，纽约的影响被弱化了，但在摩天大楼的发展史上，它和芝加哥一样重要。

砌筑随着我们最大的纪念碑——华盛顿纪念碑出现了。华盛顿纪念碑是我们国家著名的标志性建筑，它鹤立鸡群，孑然独立。这就是最关键的点——选址。选址是极其重要的。历史上的一切事物都有关乎选址，商业社会除外，它是竞争性的。大规模的建筑群代表着一种文化时代，争取着名誉、认可、地位。我有一幢比你还大的……这似乎是一种天然的愿望，就像性或者战斗，只是这里是对高度的追求。想想神话中的巴别塔，它有关乎权力和支配。这些词语我们已经不再使用，但这种感情仍留在人们心中，需要找到表达的途径。权力是费解的，就像爱情。像洛克菲勒先生这样的人是绝不会说他建高楼大厦是为了权力、名气或荣誉的，他只会说他是为了纽约好。噢，真的吗？

纽约和芝加哥以后，摩天大楼往西发展。如今环太平洋地区已是一个新世界——摩天大楼已经进入亚洲。在美国，我们不再建造摩天大楼。当然，考虑到成本，任何地方都没有经济上的必要去建造摩天大楼。这些大楼的成本和它们的使用之间绝没有任何关系。有人声称，比方说，曼哈顿的地价高昂导致了摩天大楼的出现。但如果真是地价的缘故，为什么中国也建造摩天大楼呢？

不，大厦是为权力而建。也许他们是建来和西方竞争。我不敢说我明白亚洲人的思维，实际上，我认为没有一个美国人可以了解。但有趣的是东方学习我们建造摩天大楼，而不去利用本土的宗教建筑和社会习俗。亚洲是一张白纸，没有什么可以阻止它。他们没有把我们的经济模式拿去，却把我们彰显尊严的模式学过去了。而且形式上也美国化了，这很有意思，虽然我不知道历史书将如何来评判这一点。现在几乎不可能去预见将来摩天大楼会发生什么以及为什么。

摩天大楼永远是奇特的，昂贵的，多余的。今天，没有人会问自由女神像的建造成本，我从来没有在交谈中听到这种问题。华盛顿纪念碑也是一样。自由女神像和华盛顿纪念碑正是诞生于创造出摩天大楼的那种价值观，与古希腊和埃及类似，对于高度和名望的不变追求。

你不能预测未来。谁又能预见到在建筑物的高度上（只看这一点）马来西亚和远东地区不仅赶上并远超美国人呢？我们无法预知事物何时会颠覆自己。那就是为什么回归宗教的力量似乎是一种完全可接受的猜测。但是，建造高楼的冲动不会消失。

杜普雷：您可以谈一谈自己设计的摩天大楼吗？

约翰逊：到最后，它们都差不多，但也有一些非常有趣的时刻。我特别喜欢的一个设计是匹兹堡平板玻璃公司大楼，它融合了城市化和传统的元素。我喜欢中世纪的元素——在哥特式晚期，塔在英格兰建筑中还是很重要的。我在国家银行大楼的设计中增添了荷兰商业化建筑和苏格兰低地的元素。我还经历了一个阶段，就是利用几何图形的精妙来设计大楼，比如宾索大楼。每一个现代主义建筑师都更喜欢宾索大楼而不是街对面的国家银行大楼（美国银行中兴大楼），但是我更喜欢国家银行。我的第三栋建筑休斯敦创思科大楼有点伯特伦・古德休的味道。从内布拉斯加利福尼亚州到德克萨斯，我跟着我的摩天大楼四处奔波，因为我想让它们看起来不一样。电话与电报公司大厦（索尼公司大楼）是我对现代主义的第一次突破，主要采用区块结构，而“唇膏大厦”则是对网格结构的一次大胆突破。

杜普雷：您曾预料到电话与电报公司大厦会如此具有争议性吗？

约翰逊：是的，当然。董事长当时和我讨论过如何处理楼顶。想让这么搞笑的楼顶设计获得批准是非常困难的，但是我说：“如果没有这个楼顶，就不会有人想看这幢楼。”想想市中心的公正大楼，它是多么容易被人遗忘啊，尽管它是纽约城里最大的建筑之一。人们不知道它在那儿，但是你绝不可能忘记电话与电报公司大厦在哪儿，虽然它也有缺点。这让IBM很是恼火，他们比我们大得多，但是我们却吸引了所有的目光。

杜普雷：在纽约您最喜欢的是哪一幢建筑？

约翰逊：在曼哈顿，我最喜欢的不是摩天大楼，而是第五大道上的那栋八层的大学俱乐部。它非常完整。我很喜欢钢铁裸露的埃菲尔铁塔和直指上帝的乌尔姆大教堂。沙特尔自我十三岁起就住进了我心里，再没有离开过。它把我震撼到流泪。我最喜欢的摩天大楼之一是我自己设计的，国家银行大楼（美国中心银行大楼）。人们不认为它是一座好的摩天大楼因为它是后现代风格的——很强的装饰性及历史观照。但它不是关于荷兰山墙，而是我运用山墙的方式——强调三角尖端朝上戳出去的插入感，使它令人难忘。

杜普雷：在您漫长的生涯中可曾有过一些遗憾？

约翰逊：我还处在事业的中期。我说过等我到100岁我会退休，现在不会。我还有很多事要做。

美国宾夕法尼亚州匹兹堡平板玻璃公司大楼（1984年）。

美国加利福尼亚州加登格罗夫水晶大教堂内部（1980年）。

美国中心银行

BANK OF AMERICA CENTER

所在地：美国，德克萨斯州，休斯敦

建筑师：约翰逊/伯吉建筑事务所（JOHNSON/BURGEE ARCHITECTS）

780英尺/238米

56层

钢铁和花岗岩

1984年竣工

大楼的山墙上装有86个铅质镀铜的尖顶，这些尖顶看起来很小，实际上有2.4～3.6米高。

每一栋大楼都被设计成一个建筑奇观，只要我们往车窗外瞥一眼，就能瞬间抓住我们的眼球。菲利普·约翰逊已经证明他深谙此道，尤其是在休斯敦，他被誉为在这方面最具才华的当代美国建筑师。

——文森特·史考利《美国建筑和城市化》，1988年

约翰逊的设计受德国和低地国家的世俗哥特式风格影响；图中法兰克福储蓄银行正面即为此风格的一种表现。

大楼强烈的厚重感与顶部尖削的山墙处理相得益彰。

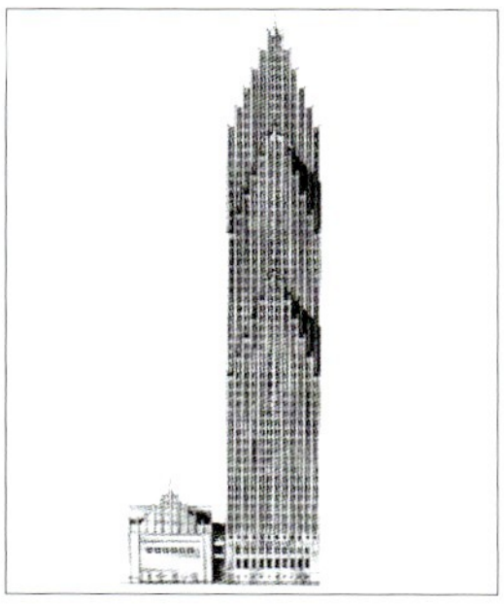

如立面图所示，大楼由拱廊相连的两部分构成。

随着辉煌夺目的美国中心银行（前国家银行）大楼的竣工，公司大楼的后现代主义风格达到全盛。20世纪80年代，色彩绚烂、外形独特的后现代主义摩天大楼披裹着奢华的石质外衣，借鉴了一系列古典建筑形式，通常被认为是对早期现代主义建筑朴素外形的一种反叛。缩影于美国银行大楼壮观的锯齿状轮廓中的后现代主义摩天大楼，其成功也归功于大众媒体对公众视觉的连环出击。

在《20世纪后期的摩天大楼》一书中，皮拉·斯库利指出，后现代主义建筑之所以成功是由于广告和电视的共同作用：通过引导，后现代主义建筑独特的外观很快就被习惯了迅猛有力的视觉刺激的公众所接受。美国银行大楼就立即从楼群中被认出：人们很容易在休斯敦上空看到它三面雄伟壮丽的锯齿状山墙，红色瑞典大理石表面和点缀在顶部的尖顶饰。

这栋大楼在21层和36层分别断层递进，使其看起来像三栋连在一起的大楼。大楼的中心（至少从街上看起来）是与之毗连的12层高的银行大厅，充当了大楼的前院。银行大厅屋顶的肋拱一层一层对称递升，高度达到36.6米，与大楼的锯齿状山墙遥相呼应。其营造的内部空间高达屋顶，十分开阔。银行大厅的另一个实际用途是改造老西联汇款大楼，该楼几乎占了整个街区的1/4，但因重置其电力系统的高昂费用而无法迁移。

陡峭险峻的山墙轮廓线以及文艺复兴乡土风格的基座让这栋大楼既显轻盈，又充满威严的厚重感。一踏进那夸张的24.4米高的拱形入口，顾客们不说被吞噬，也被银行大厅那堡垒般巨大的空间震撼了。奢侈、光滑的内壁受维也纳建筑师约瑟夫·霍夫曼的影响，彰显了拥有这幢建筑的公司的权力和声望。美国银行大楼在精神和风格上都与早期被誉为“商业大教堂”的伍尔沃斯大楼相似。

开发商杰拉德·D·汉斯和弗兰克·伍尔沃斯一样，认识到一份好设计的升值空间。在1982年《商业周刊》的一篇文章中，汉斯说，“许多公司斥巨资为公司形象做广告，如果他们能有一栋吸引全国目光的独特的大楼，这笔钱就能省了。”据约翰逊回忆，他最初想将美国中心银行设计成隔壁街区玻璃素裹的宾索大楼的视觉补充，汉斯（这两栋大楼的开发商）抗议道：“最重要的是把它设计成一座全新的大楼来卖，笨蛋。它必须得反差强烈。”

就像早期的摩天大楼，如伍尔沃斯大楼、泛美金字塔、花旗银行中心大楼（仅列出著名的几栋），美国银行大楼大胆醒目的轮廓为公司在20世纪银行界的支配地位做了生动传神的广告。

喷泉广场

FOUNTAIN PLACE

所在地：美国，德克萨斯州，达拉斯市

建筑师：贝聿铭工作室（PEI COBB FREED & PARTNERS）

凭借着厚重的建筑传统、灵动的音乐喷泉，以及达拉斯艺术区边缘的地理优势，这栋摩天大楼打着「在艺术中工作」的宣传口号，吸引了众多商家入驻。

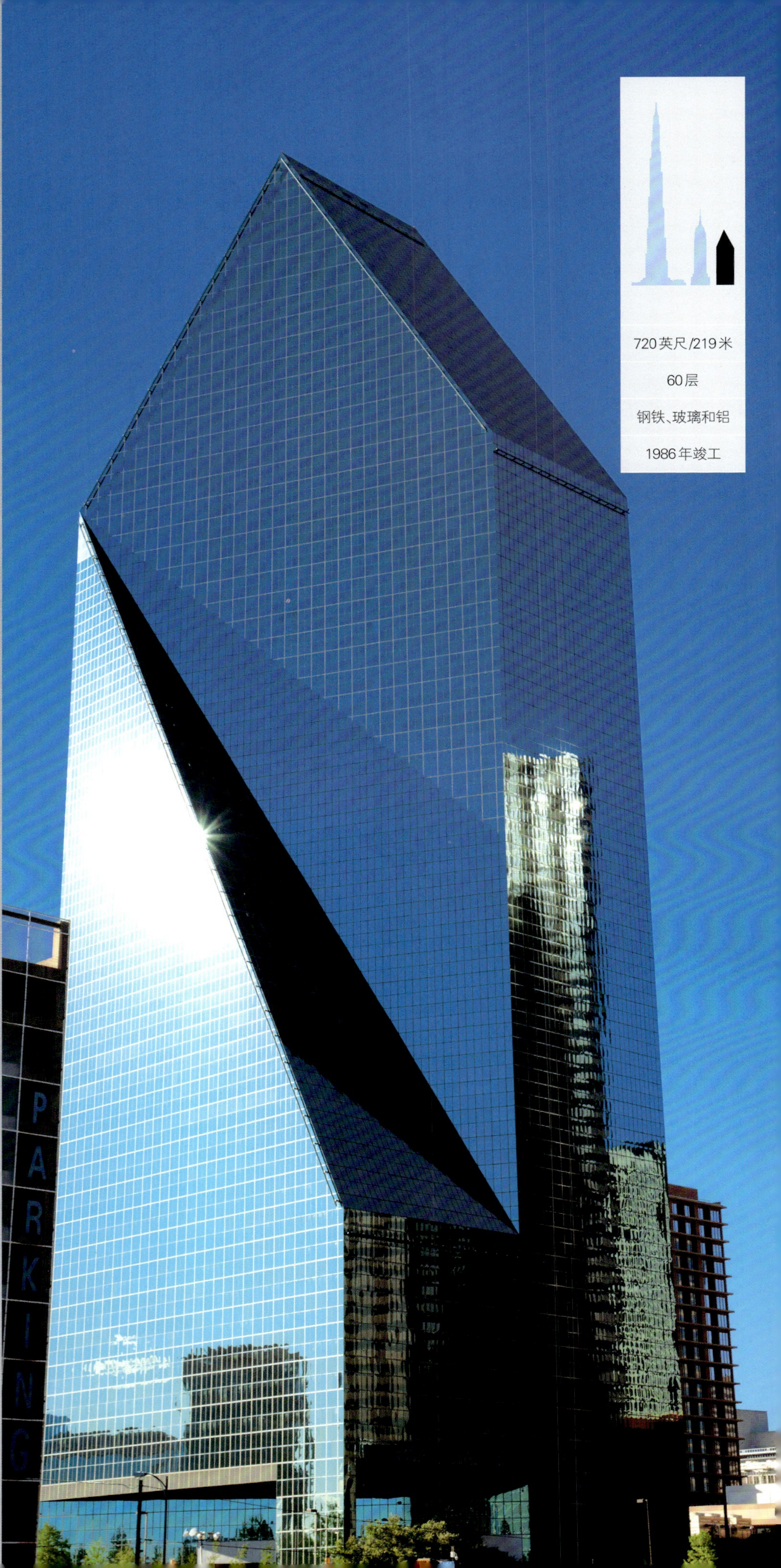

720英尺/219米

60层

钢铁、玻璃和铝

1986年竣工

艾利德银行塔楼是璀璨的棱镜，如同激光切割的宝石，不同的角度绝不会出现相同的景观。

——大卫·狄龙《建筑师》，1986年

(左图)由于选址没有特殊名号，考伯需要创造出一栋独特的建筑，它本身应是一座商务综合楼，但在达拉斯的天际线上也应有其独特的轮廓。

(右图)大楼的钢筋结构示意图显示了其复杂的结构几何学。外围桁架结构至关重要，使没有立柱的广场成为可能，并有效阻挡了侧面的横风。

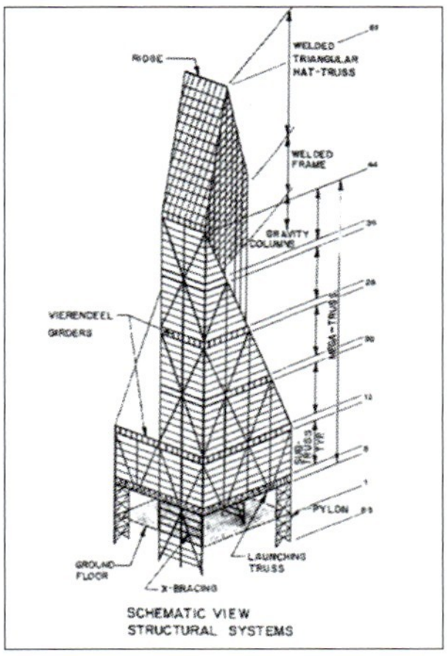

喷泉广场，原名艾利德银行塔楼，占据了达拉斯市中心商业区边缘的整个街区，位于鳞次栉比的商务楼、仓库和停车场之中。应客户建造一座既有特殊地位又受大众欢迎的大楼的要求，建筑师亨利·考伯设计出一座玻璃素裹的棱柱状建筑，它在达拉斯上空的天际线上占有激动人心的一席之地，并附有以喷泉和瀑布为特色的迷人的广场。

大楼地基呈方形，楼身高耸，十面外墙或竖直或倾斜，彰显了简单几何形体(立方体、四面体、菱形等)组合的无限可能。喷泉广场大楼拥有当时最大的玻璃幕墙，共有抛光磨边的0.6厘米和1.4厘米反光玻璃4.6万平方米，由铝制竖框分割，覆盖在钢筋框格上。塔楼如反光镜一般，营造出一种失重和永恒运动着的错觉，与考伯早期的波士顿约翰·汉考克大楼一脉相承。

从远处看，塔楼像一面缥缈的镜子，捕捉着变幻莫测的天光云影。与地面相接处却风格迥异，底层铺展开，融进广阔的公共空间，正如考伯所描述，“为人，为树，为光，为水，营造空间”。楼下有一大片水景园，由著名园林设计师丹尼尔·基利设计，装有217个喷泉，美国水松点缀其间。水声灵动，松柏葱郁，将这座位于商业区的广场营造成一块沙漠绿洲，这也是当地人熟知的消暑好去处。和纽约花旗银行中心类似，这栋大楼由楼下受人欢迎的广场而得名。

2012年，喷泉广场因其具有生态环保的特点而获得美国绿色建筑协会的LEED银级认证，它还荣获一系列其他奖项，包括2011年德克萨斯建筑师协会奖，获得提名的原因是“其棱镜外形与取得深刻人文主义成就的基座相得益彰：24 281平方米的广场和水景园已成为大受美国人民称赞的都市景观之一”。

贝聿铭(1917年生)

1983年，建筑大师贝聿铭因给予“本世纪一些最美的内部空间和外部形式”而获得普利兹克奖。他大胆应用技术和纯粹的几何结构去设计作品，彰显了其自信确凿的艺术审美观。他的作品包括美国国家美术馆东馆(1978年)、肯尼迪图书馆(1979年)、香港中银大厦(1990年)、卢浮宫玻璃金字塔(1989年)、克利夫兰摇滚音乐名人堂(1995年)等。他将现代技术与中国传统建筑风格相融合，在他的祖籍中国完成了两个项目——北京香山饭店(1982年)和苏州博物馆(2006年)。贝聿铭是利用光与影进行建筑设计的大师，他把光与影这些永恒的元素及雕塑家般的灵巧都融合进他的作品。

唇膏大楼

LIPSTICK BUILDING

所在地：美国，纽约

建筑师：约翰逊/伯吉建筑事务所（JOHNSON/BURGEE ARCHITECTS）

这座红色花岗岩塔楼一问世就得到一个昵称——唇膏大楼，因为它椭圆筒状楼身两次缩进，看起来很像一支巨型的可收缩式唇膏。

453英尺/138米

34层

钢铁、花岗岩和铝

1986年竣工

要有趣，一定要努力加入趣味性。

——菲利普·约翰逊《菲利普·约翰逊访谈录》，1994年

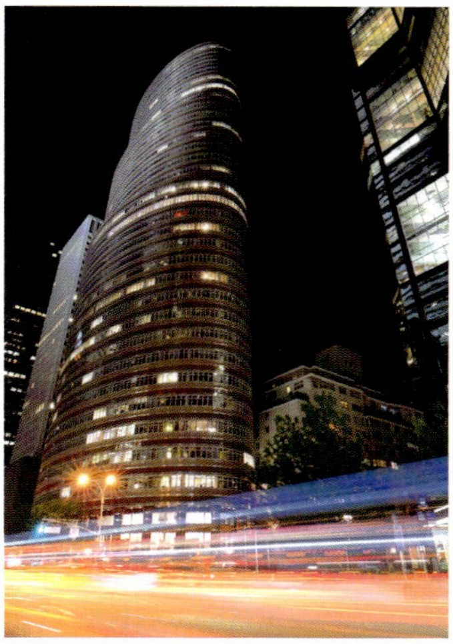

（左图）大楼的外表面经过奢华的抛光处理，这也是约翰逊后现代主义作品的特色。大楼外表面由依次排列的带状反光玻璃、上釉精加工的红色花岗岩和拉丝不锈钢包裹。2007年一家国际财团购买唇膏大楼时，价格中就包含维护花岗岩和不锈钢墙面的准备金。

（右图）大楼的钢筋混凝土结构由一座两层的椭圆形门厅支撑，门厅外围有一圈8.5米高的石柱。电梯和楼梯设置在门厅的东侧。

“——块方地上的椭圆建筑”是菲利普·约翰逊对位于五十三东街第三大道885号的圆柱体望远镜状塔楼的描述。这座因其丰满的曲线和红色花岗岩外形而得名的“唇膏大楼”，在结构设计上提出了很多代价高昂的挑战。然而，大楼开发商兼菲利普·约翰逊的长期资助人杰拉德·D·汉斯明白，他不得不在第三大道上建一座特别的楼来吸引更高的租金。当时，第三大道是曼哈顿中心商业气息最清淡的地方。

唇膏大楼的外形应城市规划的要求和第三大道楼群密集度高的现状而设计。唇膏大楼打破了传统的街区设计，棱角被磨平，与周围方方正正、规规矩矩的邻居们形成强烈对比，凸显了其性感圆润的外形，并在街面上留出了更大的空间。罗伯特·A·M·斯坦恩指出，唇膏大楼望远镜状的楼体是对20年代曼哈顿浪漫主义的缩进式楼身的回归，具体来说，是对1931年雷蒙德·胡德未能实践的洛克菲勒中心大楼设计的回归。尽管约翰逊不断追求新奇，他仍是一个形式主义者，一个精通建筑比例并能抓住访客从建筑内外获得发现的体验感需求的形式主义者。

唇膏大楼没有使用大部分约翰逊早期建筑中的后现代主义历史观照的装饰，但色彩鲜艳的花岗岩条带和椭圆外形使其看起来生气勃勃。这种生气曾一度遭到广泛的批评，却为后来的打破传统方格街区设计的建筑搭好了舞台，包括弗兰克·盖里的布拉格“金姐与弗雷”舞蹈大厦（1996年）和诺曼·福斯特的伦敦圣玛丽斧街30号（2004年）。与这些造型奇特的建筑相比，唇膏大楼现在看起来还是相当朴素的。

唇膏大楼公开招租后不久，投资人伯纳德·麦道夫就搬了进来，租了三层楼。他的办公室里挂满了20世纪60年代颠覆传统审美标准、充满反讽和戏谑意味的流行艺术作品，这无疑也影响了约翰逊这座设计新颖的大楼。2000年被送进监狱的麦道夫正是在这栋楼里精心策划了那场诈资500亿美元的庞氏骗局。

唇膏大楼由约翰逊和约翰·伯吉共同设计。两人从1967年开始合作，共同设计了一系列主要的摩天大楼，最著名的包括明尼阿波利斯市的IDS大厦（1973年）和休斯敦梯形的宾索大楼（1975年）。1986年，约翰逊/伯吉建筑公司从现代主义风格的西格拉姆大厦搬迁到唇膏大楼，这次搬迁似乎映照了约翰逊设计风格的变化，从热衷于现代主义转向新古典主义，再到后现代主义，又转而投向解构主义。1991年，约翰逊与伯吉解除合作。这位自称是自己最好客户的建筑师——永葆生机的约翰逊，在唇膏大楼里租了一间较小的办公室，重新开始了独立建筑设计师的生涯。

华联银行大厦

OUB CENTRE

所在地：新加坡

建筑师：丹下健三建筑事务所（KENZO TANGE ASSOCIATES）

已故日本明星建筑师丹下健三设计的建筑雄辩地诠释了传统建筑要旨和统一性、功能性至上的现代主义理想的中间地带。

建筑要有能打动人心的东西，但是，基本的构造、空间、外形必须要符合逻辑。只追求奇形怪状的建筑不能长久。

——丹下健三，1987年普立兹克建筑奖获奖宣言

鱼尾狮，狮头鱼身，迎接着来新加坡中央商务区的各方来客。

大楼入口位于楼顶层的一处36.6米高的切角处，可以观赏到新加坡具有历史意义的莱福士坊和区里传统的中国商店和民宅。

这幅图说明了华联银行大厦的结构是如何随着观察角度的变化而变化的。

由丹下健三（1913 ~ 2005年）设计的华联银行大厦优雅地立于新加坡金融中心，彰显了建筑大师将现代主义建筑结构典范融进人性化、充满感性的建筑形式的能力。这座66层的大厦是丹下早期的摩天大楼之一，新加坡华联银行的总部所在。

华联银行大厦是新加坡城市改建局城市改建计划的一部分，仅花了两年时间就竣工了。在新加坡，是政府当局而不是私人开发商控制土地，所以几乎涉及大厦的方方面面的谈判都遭到政府施压。城市改建局最终允许丹下将华联银行大厦建成这一区域最高的大楼，后又批准他在这个区建一座相同高度的银行，即大华银行广场（1995年）。

1961年，丹下成立了集团公司城市规划专家与建筑师工作组（URTEC），效仿沃尔特·格罗皮厄斯建立的建筑师协作公司，致力于建筑、城市规划和研究。丹下不仅是1987年普利兹克奖的得主，也是一位优秀的建筑理论家和教师。他的学生包括建筑师槙文彦、神谷宏治、矶崎新、黑川纪章，他们和丹下一起参与“新陈代谢”运动，推动了日本城市的有机规划。

丹下也是日本传统建筑方面的学者，他相信日本建筑传统和现代主义都有着对于简单、开放和轻盈的诉求，都使用了当时最前沿的建筑技术，这种综合的建筑理念集中体现在丹下为1964年东京奥运会所建的影响深远的体育馆上。对于丹下而言，传统只是创新的催化剂。从广岛战后重建计划到东京圣玛丽大教堂，丹下触及了日本独有经验和传统之外的真理。

华联银行大厦由两座纪念碑式的三角形结构构成，造型随观察的角度而变化。两座塔楼之间的细微空间更强调了这种变幻的效果，彰显了变化和生长的无限可能。三角形楼体上缀有方形和圆形设计，使大厦正面显得既规整又灵动。大厦正面镂刻有大的矩形网格，矩形是由更小的方形窗格排列而成，矩形之间整齐排列的小圆窗加强了这种有板有韵律感的数码效果。但丹下说，建筑的真正结构不是流于表面，而是它内里想要表达的东西，拿华联银行大厦来说，是先进的信息处理器。华联银行大厦结构紧凑，流露出一股天然的生命力。

丹下宪孝，丹下健三的儿子，1997年成为丹下健三建筑事务所总裁，并于2002年成立了丹下建筑事务所。丹下宪孝设计了毗邻华联银行大厦的第二栋大楼，与其父亲的地标式摩天大楼相互辉映。这栋大楼于2012年竣工，与华夏银行大厦一起被重命名为莱福士坊。

汇丰银行新总部大厦

HONGKONG & SHANGHAI BANK HEADQUARTERS

所在地：中国，香港
建筑师：福斯特建筑事务所（FOSTER+PARTNERS）

587英尺/179米

43层

钢铁、玻璃和混凝土

1986年竣工

大楼里空间的自然流畅增强了人们之间的联系，印证了福斯特的建筑理念：建筑并非来源于设计理论，而是来源于人们的需要。

诺曼福斯特先生突破了类型化，他的视野推动了建筑材料向前发展。更透明，更富有诗意，更有个性，更实用，可能我们还羞于使用这个词，更有美感。

——J·卡特·布朗，普利兹克奖评委会主席，1999年

风水大师建议树立一些庇佑的石牌，包括在大楼外摆放两个铜狮子，以确保稳定的收益。

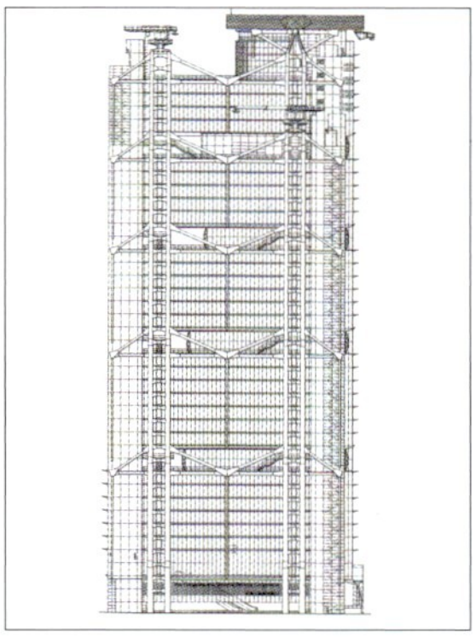

汇丰大厦采用中央设施管道实现建筑倒拱，使楼中拥有一个教堂中殿大小的中庭。2006年第一次主要改造是将一层的大厅封闭起来，当时使用了最少的玻璃和钢结构。

为了吸引游客，维多利亚港周边的主要摩天大楼夜间照明都是采用多媒体的声光结合。

诺曼福斯特先生受命负责汇丰银行新总部大厦的设计，在此之前他从未设计楼高超过3层的建筑。诺曼先生计划选择香港最具价值的地段之一建造世界上最好的银行大厦。他响应的一个结构上给人深刻印象并能巧妙地处理光和空间的关系的摩天大楼几乎彻底改变了这座办公大楼。

新大楼打破了传统意义上的银行大楼外观坚硬的概念，开阔明亮：建筑结构的每一部分无论从内部还是外部来看都是可视的。1986年竣工之日起，它的这种透明简约的结构就和当时主流的摩天大楼形成鲜明对比。

事实上，建筑结构起到桥梁作用。上部结构由多组横跨于三个独立大楼之间的钢架支撑，这3个大楼分别有29层、36层和44层高，因此楼层的宽度和高度也不尽相同。钢架承受2层楼高的斜拉力从5个不同方向横跨整个建筑。通过移动结构支撑至建筑的边界，建筑师解放了内部空间，将原来典型封闭的办公空间从视觉上和社交层面向公众开放。强调这一点也是彻底的变革。人们首先乘坐高速电梯到达指定楼层，电梯每5层楼停一下，然后再乘坐慢速扶梯到达目的楼层。这种每层楼都开放可视的建筑结构创造了更有机和谐的人与人之间的交流。

保证建筑完成的整体性是建立在员工、建筑师、工程师以及100多个分包商的紧密合作的基础之上。制造商完成预制结构并在现场高精度的组装。

福斯特认为，建筑需要承担社会责任，他1997年设计的法兰克福商业银行就是例证。该建筑被称为是最早拥有环保意识的摩天大楼。福斯特的这种具有首创意义的审美来源于他坚信科技可以创造更美好的世界，在这个美好的世界里，阳光和空气都是人类的基本权利。因此，汇丰大厦也引进了一个新的降温、取暖和照明的方式。其中的一个特点是“日光收集”，放置大量的镜子将太阳光反射并穿过中庭。汇丰大厦的美不仅来自于其表面，它是建筑伦理价值的最好诠释。

马来亚银行大厦

MENARA MAYBANK

所在地：马来西亚，吉隆坡

建筑师：希贾斯·卡斯图里公司（HIJJAS KASTURI ASSOCIATES）

大楼主入口上面垂落的篷顶是一种传统的多层屋顶，在马来西亚文化中这象征着地位和财富。

799英尺/244米

50层

混凝土

1988年竣工

建筑总是因其外表被人喜爱或是讨厌。不管建筑本身包含了多少复杂的技术，只要是没有考虑到建筑、城市和人的精神的相互关系，它就只能是败笔。

——希贾斯·卡斯图里《马来亚银行大厦的智慧：案例研究》，1988年

大楼正门由一系列瀑布式的遮篷防护，这个遮篷源自传统马来屋顶象征地位和财富的结构设计，为大楼和街道提供了一个优雅的过渡空间。

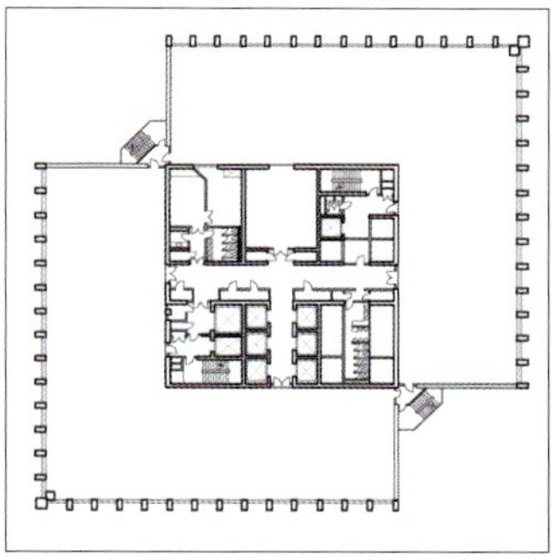

楼面由两个相扣的方形组成，重合的部分包括中央核心及电梯，其中中央核心分为四个部分。

典型的马来建筑包括墙壁的垂直构造，遮篷式的屋顶，逐渐倾斜的建筑层，这些都在马来亚银行大楼中有所体现。

1979年，马来亚银行为其在吉隆坡的新银行总部大楼，主办了一个全球性的建筑设计比赛。将参赛范围扩大到全球旨在获得更多的设计方案，同时也避免了给人留下偏袒本土建筑师的印象。虽然如此，最终还是由一个名为希扎斯·卡斯杜里（Hijjas Kasturi）的吉隆坡当地建筑师胜出。比赛过后不久，马来亚银行就更改新总部大厦的建筑规格：面积几乎扩大到原来的两倍，为15.8万平方米。因为另一家银行发生火灾动用了直升机救援，因此新的规划方案又加入了一个停机坪。

尽管这些新的要求从根本上影响到了建筑项目，马来亚银行不愿意改变最初的设计方案，因为它已经有了明显的进展。但是后来，越来越多的人认为这座摩天大楼使得周围低矮建筑的采光受到影响，事情就变得更加麻烦。

在最终的设计中，设计师减轻了建筑的表面重量，通过增加楼层空间，使其看起来更加轻巧和垂直。为了容纳多余的空间，主银行大厅的地基一直扩宽并向外抬高至主楼。原来的设计空间变成了两个重叠的空间，将原来立面从4个增加至8个，从视觉上降低了建筑承重的影响。有窗户的4边像是一直向上的垂直竖条，减轻了其建筑的厚重感。没有窗户的4边，设计师强调了大厦边角的垂直消防梯（城市必需）。顶层是方形的，附加一层来支撑上面的停机坪。这个恰好与主入口处的遮篷相呼应。

银行大厦的设计也要考虑建造时的挑战。大楼不能使用钢材料，尽管钢材料比水泥更容易竖立，通常在高层建筑上使用。

正如设计师这样解释：“在马来西亚我们没有钢制品的丰富经验，但在混凝土使用方面却经验很足，这些经验应该好好被利用。”

吉隆坡，这个拥有许多迥异建筑风格的城市，面对经济的发展，也经历着不断的变化。建筑师被赋予机会来尝试新的建筑风格。越是成功的建筑师越会把传统的文化融入更多样的客户企业文化中去。

理想城市

2013年，德里克·皮罗奇设计的超级极地伞获得了《eVolo》举办的年度摩天大楼竞赛中获得第一名。刚刚毕业于南佛罗里达州大学建筑学院的皮罗奇设计出一个漂浮的太阳能摩天大楼，可以缓解极地冰川的融化。

美国建筑师德里克·皮罗奇设计的“极地伞摩天大楼”（2013年）在《eVolo》杂志每年会发起的“摩天大楼设计竞赛”中拔得头筹。皮罗奇是一名刚从南佛罗里达州大学建筑学院毕业的学生，他想象出了一座生机勃勃、利用太阳能的摩天大楼，大楼能重塑极地冰冠。

很长一段时间里，建筑师都在想象一个完美的世界。为了让城市更好地运转，他们不断提出解决方案。他们未完成的梦想影响到了我们认识这个现有的，和在某种程度上即将建成的世界。下面就将简单介绍一小部分有影响的人。

1914年，建筑师安东尼奥尼·圣埃里亚（1888 ~ 1916年）发表了《未来主义建筑宣言》，同时也展示了16幅设计图纸。在这本书中，安东尼奥尼指出，未来的城市必须高高地耸立在动荡深渊的边缘，街道将不再像门垫那样位于高楼的底层，而是下陷至多层的地下，被大城市交通环抱，通过金属过道和快速移动的自动人行道与之链接起来形成网络。受机械化、工业化的启发，摩天大楼将会采用现代建筑材料——钢筋混凝土、玻璃、纸板、纺织纤维。大自然将会被舍弃，无论地上还是地下的每一寸空间都会被充分利用起来。安东尼奥尼·圣埃里亚28岁就英年早逝，尽管他在短暂的一生中未能完成一座真实的建筑，但他的理念却影响了后世很多建筑师，包括著名的勒·柯布西耶。

在20世纪30年代出版的《光辉之城》一书中，勒·柯布西耶提出了工业化时代，最理想的城市不应该是集中式的，而应该是一个理论上不受限制，由垂直几何网格状的摩天大楼构成的。这些玻璃大楼、停车库，以及通道应该离开地面，留出下面的空间为人们提供阳光、空间和绿色植被。所有这些都没有阶级划分，不管是精英还是工人都可以生活在同样的地方，共享娱乐保育设施。在勒·柯布西耶光辉之城的构想和他的一些已经完成的城市建筑中都体现了他的根本信念——人类、自然和机器时代应该是和谐共处，建筑师应该创造这样的新社会。

尽管哈格·费瑞斯接受过建筑师的训练，但他从未建造过一幢大楼。相反，这位设计大师却受雇于建筑师。费瑞斯通过画图来表达自己：他总是夸大建筑的规模，创造巨大的效果来吸引观赏者。在哈格·费瑞斯1929年出版的重要著作《未来城市》中，城市已经达到难以想象的规模。哈格·费瑞斯的影响要追溯到20世纪20年代，当时他提出了一系列实验性的设计来满足1916年纽约的分区法，分区法要求在摩天大楼附近增加采光和空气。费瑞斯的理念在接下来30年的纽约摩天大楼建筑史上得到了体现。不大知名的有纽约人查尔斯·兰姆设计的作品，其中，摩天大楼附近的街道在空中，解决了城市地面交通的拥堵。从19世纪90年代至1910年，兰姆都定期发表设计作品，直到后来受挫才停止发表。历史学家乔治·柯林斯指

出，包括费瑞斯，哈利·威力·科比特（Harvey Wiley Corbett），弗朗西斯科·穆希卡（Francisco Mujica），他们都再度回归，只是都不赞同他人的设计方案。

建筑师弗立茨·朗因经典无声电影《大都市》闻名于世，这部电影融合了令人惊艳的布景设计和未来城市的特效。在这部疯狂的科幻片中，脆弱的人类被机器和科技掌控。弗立茨认为曼哈顿岛是他电影创作的灵感。第一次访问曼哈顿岛之后，他就描绘出了一个让他既敬畏——“夜晚的纽约美妙绝伦，即使仅仅感受到夜幕降临港口，也会终生难忘”——又恐惧的城市——“十字路口迷惘的人们充满欲望，永远生活在

安东尼奥尼·圣埃里亚“未来主义新城市”（Città Nuova，1913 ~ 1915年）。

矶崎新“空中城市”(1960 ~ 1962年)。

焦虑渴望之中”——这个城市造就了这样一部刺激、黑暗、荒谬的电影。

弗兰克·劳埃德·赖特的反城市化广亩城市项目中提到“没有人愿意被禁锢在货架般垂直的街道上,也不愿意拥挤的生活,诸如在烤架上一般”。广亩城市方案第一次出现在他1932年出版的《消失的城市》中。勒·柯布西耶《光辉之城》中提倡密集独立的大楼,但是赖特推崇不规则的农业网络——分散、水平、接近自然,一个充满阳光和新鲜空气的现代伊甸园。电话和汽车使得距离不再成为障碍。广亩城将远离拥堵的市中心,鼓励农村民主,为每个人提供他们最为渴望的开阔乡野。

1960年东京世界设计大会上,一群深受日本建筑大师丹下健三影响的建筑师们提出了题为《新陈代谢1960:新城市主义的提案》的宣言。针对日本过度拥挤的城市,新陈代谢派提议可以在城市或海面的上空建造一些超大建筑。城市就像生物体一样,由自然新陈代谢推动,有机地发展。1960 ~ 1962年,矶崎新的空中城市项目提议将居住房屋盘旋在东京的城市上空。房屋群被视为立体的树木,居住单元就是树叶。树叶不断在树枝上生长,直到和树干连在一起。当整棵树不断生长就会与其他的树相互联系形成“树

工，目前仍在继续。

建筑师和理论专家利布斯·伍兹（1940～2012年）终其一生只为解答一个问题：任何一个个体在这个复杂多变的世界究竟应该拥有什么样的生活空间？答案不是固定的，在《新城市》（1992年）一书中有所体现。书中提到变革的必然性和可能性。其中的一系列图案细致地描绘出了一些适宜居住的地方，也保留了一些无人居住的地方。建筑设计也是战争，正如伍兹所说。变革是恩赐，建筑是人类最有效的工具，不仅仅是用来管理变革也是创造变革。

莫斯科的水晶岛设计是被认为是世界上最高也是最大的建筑之一。2008年初步方案获得通过，之后因为资金问题推迟。这个项目是一个多样的、独立的楼中城。建筑面积接近250万平方米。该项目由福斯特和他的合伙人设计，建筑设计紧凑，多功能，环保，使用再生能源，运用热缓冲器来防止出现极端气候。不足为奇的是，福斯特的导师之一是巴克敏斯特·福乐，网格状球顶的发明者，他曾提出将曼哈顿岛整个罩在一个玻璃气泡里。

林”，从而为下面的社区增加空间。

保罗·索列里在20世纪60年代提出了一个未来社区的概念——生态建筑，结合了建筑学和生态学，可以缓和城市扩张。这些城市无污染，依靠风、水、光作为能源。在这个多层次的城市中，可以通过水平、垂直和对角线的交通系统运输人和物品。当城市向上而不是向外扩张，就会放弃汽车来保护土地。生态建筑是一个复杂的生态系统，能够满足一切人类的需求。索列里的设想已经在一个理想的城市项目——阿科桑地得到实现。阿科桑地是一个考虑环保理想城市类型，位于亚利桑那州的沙漠，从1970年开始施

利布斯·伍兹“地质大厦”（1987年）。

联邦银行大厦

U.S.BANK TOWER

所在地：美国，加利福尼亚州，洛杉矶

建筑师：贝聿铭工作室（PEI COBB FREED & PARTNERS）

大厦的开发商购买了旁边中央图书馆的领空权，使得图书馆拥有更多的整修和现代化翻新的机会。

1 018英尺/310米

73层

钢铁、玻璃和花岗岩

1990年竣工

第一洲际世界中心已被认为是最高的建筑之一，洛杉矶第一高，美国西海岸第一高，第四地震带上第一高。

——道格拉斯·戈登《技术与实践》，1990年

大厦顶部是一个多面的玻璃结构，夜晚可以用于照明。

大楼右边是邦克山阶梯，由资深园林景观设计师劳伦斯哈普林设计。

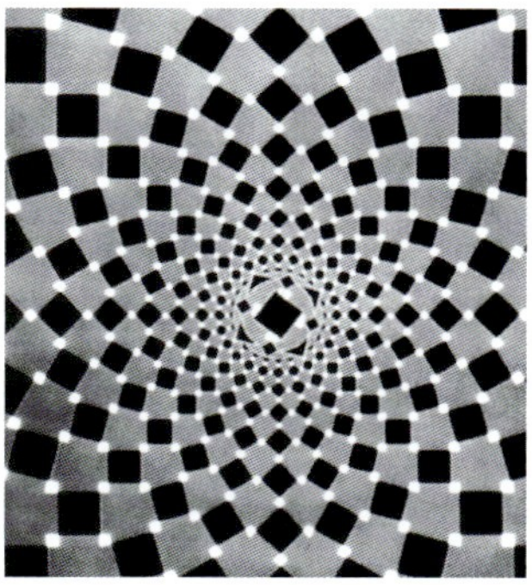

设计图反映了建筑体上的几何图形。外部，方形图案可以扩大可利用空间，图案给人们以亲切的印象；内部，几何图案是核心装饰，电梯门、墙上、直到人行道都有这种发散式图案，越往外越大。

洛杉矶市中心最著名的地标是1926年建成的中央图书馆，由美国著名的建筑大师倍特伦·古德西设计。1920年，倍特伦·古德西因其设计的位于林肯的内布拉斯加利福尼亚州议会大厦闻名。中央图书馆的楼身装饰为条状，顶部为一个彩色的瓦片金字塔。如今，古德西设计的图书馆由联邦银行，也就是第一洲际世界中心赞助。联邦银行大厦的楼顶同样也很独特。

中央图书馆和联邦银行大楼，也称图书馆大楼息息相关，就像波士顿的三一教堂和汉考克大厦之间的联系。汉考克大厦就像美国联邦银行大厦，是由亨利·科布设计。图书馆大楼的开发商，购买了中央图书馆的领空权，就和对面73层的联邦银行大楼相通。没有和中央图书馆墙面相对，联邦银行大楼的外墙沿着人行道曲曲折折，覆盖在透明的玻璃里面。旁边的邦克山阶梯（一种罗马时代西班牙台阶的变形）和一个让人记忆深刻的索道将上下的楼层联系起来，视觉上直插图书馆的底层。从地面上看，至少图书馆大楼起着支撑作用，而这个古老的图书馆无疑就是那颗发光的星星。

大楼有4个玻璃结构的屋顶平台，分别在第48层、第57层、第61层和第69层，就像是一个拳击台形状的建筑设计。

在最上面的5层开始，有一个环状几何形的平台。大楼花岗岩的外墙由6米长的凸窗装饰，使得楼身富有活力、节奏感和垂直感。城市要求楼顶要有停机坪，这曾经是世界上最高的救援停机坪。

另一个突发因素——地震，也决定了建筑结构。联邦银行大楼位于离圣安德烈斯断层53公里，这个城市拥有全国最为严格的建筑抗震级别。大楼需要抵抗里氏8.3级或更大的地震。设计师引入了一个创新的双层结构来解决在高风速和强震级的情况下任性和弹性这两个矛盾的方面。

办公大楼圆柱形的建筑设计，尽管很独特，但相比较矩形的楼层却不是很有效的布局。办公空间反映了早期等级关系，其中管理人员通常位于窗户附近的主要区域。开阔的空间布局能够激发员工的积极性，鼓励创造性，减少空间的要求，从而降低租金成本。现在，联邦银行大楼是密西西比河以西的最高建筑，但很快就会在几年后被威尔希尔格兰德大楼超越，预计在2017年竣工。

法兰克福商品交易会大厦

MESSETURM

所在地：德国，法兰克福
建筑师：墨菲/扬建筑设计事务所（MURPHY/JAHN）

扬认为商品交易会大厦意义就像威尼斯圣马可广场的钟楼一样——高耸独立的大楼将不同的建筑联系在一起。

842英尺/257米

64层

混凝土、花岗岩和玻璃

1990年竣工

传统的城市中，法兰克福商品交易会大厦代替了宗教和公共建筑，证明它的经济力量和地位。

——赫尔穆特·扬《建筑与城市主义》，1992年

法兰克福的天际线，获得欧洲最高建筑荣誉的大楼会在摩天大楼节上进行庆祝，市民可以获得难得的机会登上摩天大楼的楼顶。

低层活动大厅（Festhalle），是根据活动要求及自然光建造的无柱式空间。

第二次世界大战之前，教堂通常是欧洲城市的天际线。商业摩天大楼基本无人知晓。进入20世纪，随着银行的放松管制，随即出现了商业大楼。欧洲不得不开始解决城市摩天大楼同传统城市建筑和街道的问题。今天，法兰克福有着欧洲最为密集的摩天大楼，多到每年这个城市都会举办年度摩天大楼节。

芝加哥建筑师赫尔穆特·扬设计的法兰克福商品交易会大厦将传统欧洲建筑的形式和材料融合大胆的创新，由高楼、楼高较低的展览厅以及入口大厅组成。商品交易会大厦位于法兰克福城市中心的展览中心。对于政府官员来说，扬的商品交易会大厦意义重大，因为它是1909年建成的法兰克福展览中心的多功能厅以及战后竣工的法兰克福大会堂这两个深受市民喜爱的历史建筑的一个重要补充。

商品交易会大厦的基本结构就是一个改良过的方尖塔。它的立面由底座、竖井和柱顶构成。方形石头底座向后露出一个圆形竖井，竖井顶部是一个明亮的金字塔。这些方形、圆形、三角形的对比几何图案采用不同的材料，随着楼层不断升高，显得也越来越轻巧。扬说，石头是接触地面的天然材料，玻璃是靠近天空的人工材料。

扬的建筑群采用了传统的建筑结构。高耸独立的大楼将不同的建筑联系在一起，就像威尼斯圣马可广场的钟楼一样，高楼和圆形的拱廊构成了通往法兰克福中心的通道。有天窗的展览厅以及展览厅中铰接式的梁和柱使人们想起世纪交替时欧洲宏伟的展览厅、火车站和温室。

商品交易会大厦的高度和宽度，从中心向四周大概有8.2米，是由德国建筑法规决定的。最重要的是，法律规定员工不能离窗户超过7.6米。因为担心城市消防要求的周边梯井会破坏大楼的外观，商品交易会大厦的开发商——纽约铁狮门房地产公司，将德国的官员带至美国的摩天大楼进行参观，让他们相信建筑中心的密封梯井没有安全问题。美国的标准证实是可接受的。夏天，美国大楼内的室温极低，但德国的建筑降温系统要求室内室外温差不超过10摄氏度，很明显就是要减少能源的消耗。

中银大厦

BANK OF CHINA

所在地： 中国，香港

建筑师： 贝聿铭建筑师事务所（I.M. PEI & PARTNERS）

1 205英尺/367米

72层

混凝土、铝、花岗岩、玻璃和钢筋

1990年竣工

封顶典礼于1988年8月8日举行，这是风水大师们眼里20世纪最好的日子。

中银大厦解决了困扰现代摩天大楼很久的一个难题：预知性。中银大厦真正的影响是在其建筑本身的未知性。

——卡特·魏斯曼《贝聿铭的建筑》,1990年

中银大厦和右侧的长江集团是香港夜空天际线中的独特地标。

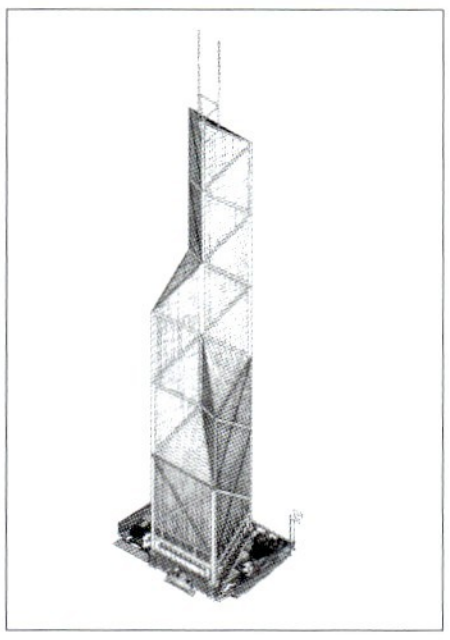

大楼的立体正投影图。大楼由花岗岩底座上竖立的四个立轴组成，越往高处越小。

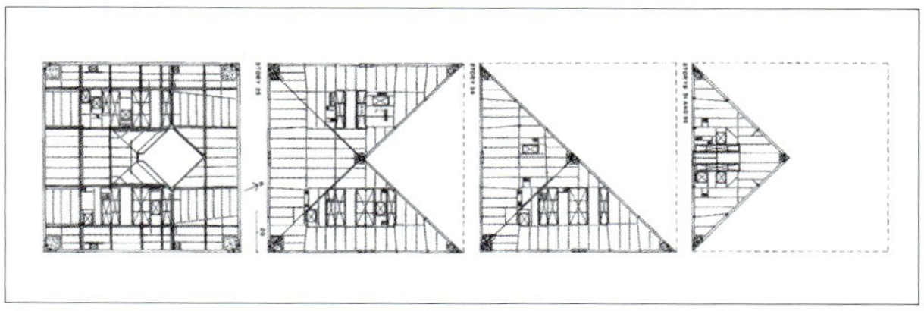

钢结构方案由美国理雅结构工程咨询有限公司提供，将建筑和工程结合。一个方形由4个三角形，8个平面框架组成。其中4个平面框架又是菱形的交叉支撑。整个建筑的重量就分散到4个角柱和一个中柱上。将重力转化为拉力从而大大增加抗风的能力。

建立中银大厦分支的计划在1984年就开始了，当时英国已经同意归还香港。为了纪念1997年香港回归，同时也为了证明中国实现金融地位的回归，中银大厦和普利兹克奖荣誉获得者贝聿铭签下合同，请他设计分行大楼。讽刺的是，贝聿铭的父亲曾是中银大厦的一名经理，后来因为国民党战败，跟随蒋介石逃离大陆，现在共产党又要求他的儿子，一个出生在广州的美籍建筑师来设计分行大楼。和父亲商量之后，贝聿铭同意接下这个项目，认为这是每一个中国人的愿望。

贝聿铭将会面临地理、政治和结构上的挑战。大楼选址位于香港拥挤的商业区中的两亩陡坡上，这个小地方周围3面有多条高速公路和坡道相互交错，几乎没办法靠近。这个地方又有战争的阴影：第二次世界大战期间，这里是日本军事中心，数以千计的战犯在这里惨遭迫害。结构上的苛刻是因为大楼处在台风带，因此香港对建筑总重要求是纽约的2倍，防震级别又是洛杉矶的4倍。

银行工作人员不顾当地历史，反对在大楼周边进行风水研究。风水是一个古老的体系，能够平衡自然并预测建筑未来的成败。根据卡特·魏斯曼关于贝聿铭的专著中描述，当地风水大师认为楼顶的柱子像一个竖立在空碗中的筷子——象征贫穷。在他们眼中，建筑立面的交叉使人联想到罪犯名字上的X，代表他生命完结。贝聿铭同意隐藏立面水平的元素，将原来的寓意不详的X变成寓意吉祥的菱形图案。

顾名思义，摩天大楼必须要处理空中的轮廓线，同时要考虑地面上行人的视野。因此，在维多利亚山脚，一个巨大的花岗岩构成了最下面的3层，看起来就像天然的石头一般。在处理建筑和自然的关系时，大楼底部的三角形花园与大楼的建筑材料和几何图形相呼应。就像传统的中式园林，动静结合，婉约活力。寂静的池塘和倾斜的瀑布充分利用了陡坡的有利地形，桂花树带有的茉莉香在空气中飘散开来。

如今，中银大厦像巨大的禅宗护身符般闪闪发光，像香港天空中闪耀的一颗最亮的星。他的玻璃和铝制的幕墙正说明这创新的结构正支撑这个70层的摩天大楼。这也印证了贝聿铭的一个信念：时光会流逝，但建筑却是永恒的。在一堆废墟之上，又会出现新的东西。

东京都厅

TOKYO CITY HALL

所在地：日本，东京

建筑师：丹下健三建筑事务所（KENZO TANGE ASSOCIATES）

为避免看起来庞大突兀，也为了和新宿区的矮层建筑相融合，这座大楼在33层处分成两座方塔。

799英尺/243米

48层

铝、花岗岩和钢铁

1991年竣工

人与人的直接沟通不能仅由电子通信完成，而要包含面对面的沟通。间接沟通方式发展的越多，直接沟通就变得更加有必要。

——丹下健三《百座现代建筑》，1991年

（左图）7层楼高的议会大楼，外墙是铝制材料，中间围绕着一个半圆的市民广场。广场上伫立着抽象的雕塑，市民广场的斜坡直至中央音乐会舞台。

（右图）旁边的行政楼的天际线开始是水平的。后来改为向主楼倾斜，丹下健三认为这样两个建筑之间会有一种整体感。

在他辉煌的一生中，丹下健三（1913～2005年）影响了世界上许多大城市的样子。这位城市主义建筑师的作品可以分为三个阶段：第一阶段，第二次世界大战后，丹下健三意在解放当代日本建筑，使之走出盲目模仿欧美建筑的困境，走向依照传统不断创新的建筑风格；第二阶段，从1960年开始，面对东京的拥挤不堪，丹下健三大胆提出从东京湾扩大城市面积；第三阶段，丹下健三主张信息化社会的新型建筑。东京都厅，也称为东京大都会政府大楼，展现了丹下健三职业生涯的全部三个阶段。

1986年，丹下健三参赛设计新市政厅，用来取代1957年也由他设计的位于丸之内区的市政厅。这次比赛给了他探索新想法的机会，并可以去回顾1957年方案中未实现的部分。新大楼将会建立在新宿区，地理位置更优越。市政府要求市政厅要象征城市的独立和文化。丹下健三认为这是必要的，但除了面子之外，也需要去解决城市的痛处——因为社区空间过大造成的交通拥堵和人际沟通的缺失。每天，人们必须要花3～4小时在路上（由于高额的房价），这也减少了人与人之间的沟通，正如丹下健三观察到的，信息系统的发展，使得人际沟通变得更为重要。

因此，健三将一个可以容纳6 000人的中央广场改造成两幢分别高48层和33层的行政大楼和一个低层议会大楼。考虑到周围建筑的高度，其中48层高的办公大楼在33层被分成两个摩天层，高152米。两个摩天层都有公共观光厅，眺望首都全景。

将传统日本建筑中的横梁应用到立面上，健三意识到这种合成设计类似于电路结构，于是他就继续完善设计，使之看起来更像微芯片。大楼内，数以千计的工人使用着最先进的通信技术，大楼整个的运转由日本最先进的智能系统完成。健三在全日本留下了他的指纹，在全世界都留下了他的设计。东京都厅的设计展示了健三超凡的设计才能。设计过程中，他综合建筑学和城市规划，并把人际沟通视为设计的出发点。

韦斯滕大街 1 号

WESTENDSTRASSE 1

所在地：德国，法兰克福
建筑师：KPF 建筑事务所
(KOHN PEDERSEN FOX ASSOCIATES)

熟悉纽约的人一眼就能认出这栋大楼的楼冠：那和自由女神像头上戴的一模一样。

1

658 英尺 /201 米

53 层

混凝土、大理石、花岗岩、玻璃和钢铁

1993 年竣工

城市中的摩天大楼既要连接街道，又要阻挡天空。

——威廉·皮德森《流程架构》，1986年

玻璃下面是植物长青的伊甸园，富贵人家的奢侈享受。公共冬景公园在19世纪40年代公共引入伦敦时受到了热烈的追捧。

银行的外墙和柱子是分开的，避免看上去太过突兀，给周围的小建筑带来压迫感。

荷尔拜因人行桥横跨美因河通往法兰克福的韦斯滕南区（Westend-Süd）。

欧洲接受了摩天大楼的概念。高耸的建筑，怪异的美式建筑风格，很长一段时间被认为是不好的，是企业投机者可疑的产物，破坏了欧洲城市生活质量和文化遗迹。然而，法兰克福热衷于曼哈顿化的金融区，引入了摩天大楼并大规模的发展。包括福斯特建筑事务所设计的商业银行大厦（德国最高建筑），墨菲扬设计的商品交易会大厦，KPF建筑事务所设计的韦斯滕大街1号，柏林DZ银行总部。

KPF建筑事务所，在35个国家都建过不同的大楼，设计过和周边街道、社区风格不同的建筑。在法兰克福，第二次世界大战的炮弹摧毁了一切除了街道的划分，但找不到规律。除此以外，新大楼将会在法兰克福市郊美因茨公路地区（Mainzer Landstrasse）这个地方，新的商业建筑和小型住宅楼尴尬地排列着。

这个地方缺乏定位，更不要说什么魅力，建筑师威廉·皮德森设计了一个城中城的银行大楼，将一个多功能的大楼分为三个部分——办公大楼，边楼，公共大厅。这几个部分又被多个墙面和不同高度的大门再次分割开来。这样的分割，皮德森意在将其建筑根据商用和居住的性质来划分，从而重新规定生活与工作的节奏、比例和传统城市的规模。

皮德森的工作方式被很多人认为更像是一个雕刻家而不是建筑师。在设计中，他结合并解决了很多的对立和矛盾：轻巧和厚重，严谨和自由，灵动和平静。

整个建设中，坚硬的墙面铺满浅灰的花岗岩、大理石，和玻璃以及铝排列在一起。建筑的每个部分都像是单独的实体，尊重周围的建筑风格，强调城市中的建筑概念。建筑北面的边楼是公寓，南面是高耸的办公大楼，这样不会影响住宅区的采光。在边楼和办公大楼中间是个巨大的入口，冬景花园，一个沿袭欧洲棕榈阁和车站风格的迷人空间。

方形的办公大楼，高过了这个地方原来的商业大楼，变成了一个由反光玻璃和彩色的铝制结构覆盖独立的环形柱子。再加上楼顶的苜蓿状钢制结构，使得大楼成为法兰克福上空的名片。

LANDMARK TOWER

横滨地标大厦

所在地：日本，横滨

建筑师：斯塔宾斯建筑事务所（THE STUBBINS ASSOCIATES）

972英尺/296米

70层

钢铁、混凝土和花岗岩

1993年竣工

十多年来，横滨地标大厦自诩它的电梯是世界上最快的，不过后来被2004年建成的台北101大楼超过，但仍不需一分钟就可到达楼顶。

我们的哲学深深植根于每个关于选址、气候、高科技建筑项目，以及对未来的信念之中。我们尊重过去，并从中汲取经验教训，但我们不去复制。

——休·斯特宾斯《建筑：设计经验》，1976年

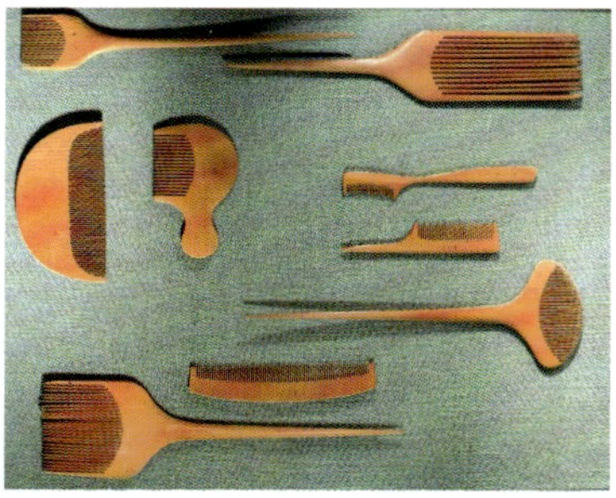

地标大厦的水平窗户设计理念来源于日本女性长期使用并作为发饰的黄杨木梳子。

地标大厦和横滨海边的横滨港未来21相呼应。

这是东大寺奈良寺庙中的储藏室一角。这种粮仓（Azekura）建筑风格开始于17世纪。精准的木材接合和切边与美国小木屋很像，启发了地标大厦外观的凿子形状。

菱地所名誉主席，横滨地标大厦开发商，洛克菲勒中心前东家乙一中田有一个愿望。第二次世界大战时期，在东京的家中，他亲眼看见距离他家24公里左右的横滨被烧为平地，他希望有生之年可以看到横滨这座城市重生。

他心中已经萌生了一个充满野心的念头，将横滨这座港口城市发展为“21世纪的港口之城”。这个巨大的市政工程是建在横滨的海边，这个地方建筑成本低，目的是将东京的经济发展机会吸引至横滨。横滨地标大厦就是当地的标志性建筑。

20世纪80年代，日本出口带动经济出现繁荣景象，开始了全球收购盛宴，收购过程中吸收了许多西方文化。日本本土的建筑大师——丹下健三，桢文彦，安藤忠雄和矶崎新忙于国内外的各个建筑项目，这给一些美国的建筑师们提供了很多机会，他们因为美国房地产业的衰退已经赋闲在家。这些优秀的建筑人才，包括迈克尔·格雷夫斯，罗伯特·斯特恩，彼得·艾森曼，史丹利·泰格曼，墨菲西斯，弗兰克·盖里，佩利·克拉克·佩利建筑事务所，SOM建筑设计事务所，KPF建筑师事务所，斯塔宾斯（Stubbins）建筑事务所在日本设计了很多建筑。

由休·斯塔宾斯（1912 ~ 2005年）和罗纳德奥斯伯格共同设计，横滨地标大厦是斯塔宾斯最后一个作品，在他漫长的职业生涯中，他见证了800多座建筑的设计。横滨大楼将传统日本工艺的精巧细致同现代科技相结合，木材贴合的精准如发梳般简洁优雅，纸灯笼般半透明都透露出让人心旷神怡的美感。

73层高的花岗岩顶摩天大楼有效地将独特的地域特色和一流的科技相结合。游客可以在40秒内乘坐电梯登上69层高的观光天台，这曾经也是世界上最快的电梯。在那里，太平洋和富士山的全景就展现在你眼前。大楼的52层以下是办公区域，上面是一个拥有600间客房的酒店。在下面的楼层，移动的人行道可以将游客带到中庭，这里拥有4层商店和餐馆。

20多年来，横滨地标大厦一直是日本最高的建筑，直到2014年大阪出现楼高300米的阿倍野HARUKAS，阿倍野HARUKAS多功能大楼（佩利·克拉克·佩利设计）。2007年斯塔宾斯建筑事务所和克林·林奎斯特事务所合并成立克林斯塔宾斯（Kling Stubbins），2011年又被嘉科工程公司收购。

里尔里昂信贷银行大厦

CREDIT LYONNAIS TOWER

所在地：法国，里尔

建筑师：克里斯蒂安·德·包赞巴克（CHRISTIAN DE PORTZAMPARC）

大楼独特的造型已经融入这座城市的标志中，这个标志是一个奔跑的人，穿的运动鞋就像里尔大楼的外形一样。

394 英尺/121 米

20 层

铝和玻璃

1995 年竣工

建筑是严肃的，不能犯错。建筑也是快乐的，充满法式的浪漫。

——阿达·路易斯·赫科斯特波尔
《重塑建筑：克里斯蒂安·德·波特赞姆巴克》，1994年

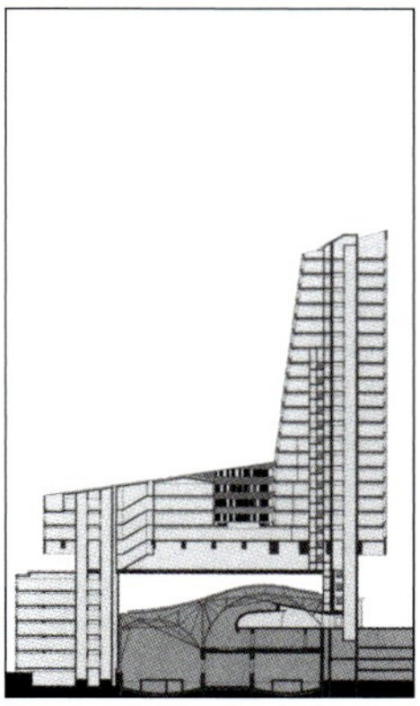

（左图）大楼地基狭窄，位于地下网络、铁路和停车库之间。

（右图）1994年普利兹克奖评委会嘉奖包赞巴克，称赞他的建筑设计考虑了建筑本身，建筑的功能以及建筑里面的个体，不断探索并追求最佳的解决方案。

法国北部交通枢纽城市里尔的铁路充满着浪漫主义的色彩。里尔里昂信贷银行大厦就位于这里。这座摩天大楼设计别出心裁，一座天桥横跨里尔的火车站，就像头等车厢里的上好座位一般。

克里斯蒂安·德·包赞巴克设计的L造型不对称建筑，被人们亲切地比作椅子，滑雪橇，弹球机。尽管按照摩天大楼的标准，银行大厦并不是很宏伟，但整个结构却充分考虑到了严苛的周边环境。城市建筑越来越拥挤，又要不断翻新年久的建筑，这个设计创造性地解决了上述问题。

信贷银行大楼是欧洲里尔标志性建筑之一，这个121万平方米的重建工程是在1986年法国政府宣布建设英吉利海峡隧道之后获批的。英吉利海底隧道是通过海底铺设隧道的方式连接英法两国。当法国政府同意将高速列车从巴黎通往里尔开始，这个中型城市就变成了世界经济中心。

欧洲里尔项目是由建筑师雷姆·库哈斯设计的。雷姆·库哈斯曾经设计过里尔会演中心，之后他又邀请了知名的建筑师们来设计其他的地标建筑，包括里尔中心，欧洲大厦，勒·柯布西耶高架桥。库哈斯认为，建筑是力量的艺术，希望建筑造型充满魅力。但是，一些欧洲里尔建筑项目的批评家们认为有些地标建筑仅仅是空壳，和周围的建筑没有很大关系。在后毕尔巴鄂时代，另外一些批评家们认为这些地标建筑是知识城市复兴的有力催化剂。

里尔项目开始于1989年。它的核心是一座明亮的未来主义派车站。为了避免程式化，库哈斯请出包赞巴克来设计车站顶部的高楼。包赞巴克主要是设计文化类建筑。作为里昂信贷银行总部，里尔大楼由两部分组成，并在某一点相交：一个水平横在车站上方的桥状建筑和一个竖立的锥形建筑。包赞巴克设计的这个建筑像是一个东西飘在70米长的车站上面。事实上，这个悬索式建筑的确是浮在上面。

它在各个建筑面都摒弃了平行结构。高层上面是由彩色的不规则玻璃窗户覆盖，既保证视觉上的整体性，又保证了外观的韵律感。包赞巴克面对的一个挑战就是将众多的意见引导至城市规划的方向而不是铁路规划。因此，在大楼的南边，透过每层楼中间的一个空间，可以俯瞰整个里尔市，同时也可以让自然光线进入里面的办公区域。

克里斯蒂安·德·包赞巴克（1944年生）

1944年生于卡萨布兰卡，是一位建筑师和城市规划师。他设计的充满想象力又具有实际意义的建筑随处可见：波布咖啡馆（Café Beaubourg），布尔代勒美术馆，音乐城（巴西里约热内卢音乐城，法国拉维莱特公园巴黎音乐城），巴黎国际会议大厦，巴黎歌剧院舞蹈学校，纽约路易威登大厦，柏林法国驻德大使馆，卢森堡爱乐音乐厅。评委会授予他普利兹克奖，高度评价他是一个坚定、自信和勇敢的艺术家。

佩重纳斯大厦

PETRONAS TOWERS

所在地：马来西亚，吉隆坡

建筑师：佩利·克拉克·佩利建筑师事务所（PELLI CLARKE PELLI ARCHITECTS）

1 483 英尺/452 米

88层

混凝土、钢铁和玻璃

1998 年竣工

1997 ～ 2004 年是世界第一高楼

政府要求这对塔楼能够反映地区文化。他们的设计基于传统的伊斯兰几何，以隐喻真神的神秘。

老子道，虚之实在其空，不在其壁。诚然，这指的是精神的真实。这却也是佩重纳斯大厦的真实。行人通道使得真空的力量变得更加强大而明确……通过支撑结构创造出了通往天空的门户——一扇通往无限的大门。

——凯撒·佩里，1995年

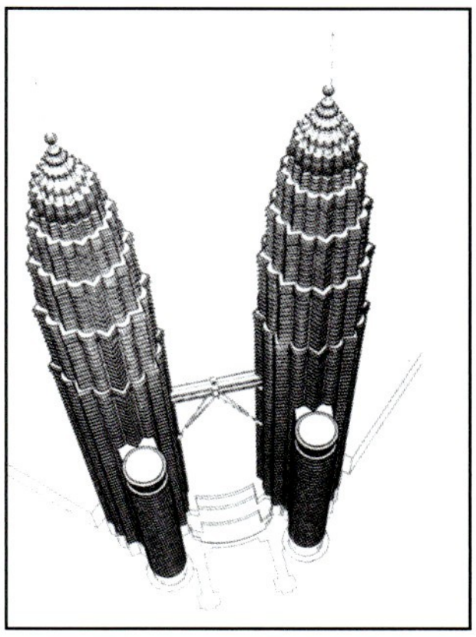

（左图）如图所示，两座相互扣住的广场构成了一个八角星，在此之上添加了八个半圆以构成十六边形。

（右图）两座塔楼之间的吊桥。

从大金字塔到芝加哥的威利斯大厦（又称“西尔斯大楼”），世界上最高的建筑结构一向坐落于欧美国家。直到1998年马来西亚的佩重纳斯大厦竣工，这一切才发生了改变。

这座88层的高塔形成了吉隆坡市中心的门户，也是一座巨大的城中城。这个项目将相当于九座帝国大厦的建筑物植入一座规模与圣地亚哥相当的城市，因而遭到了许多批判——有人怀疑马来西亚将无法延续经济的急速增长，但前总理马哈蒂尔·穆罕默德决心让他的国家继续迎头向前。2004年，凯撒·佩里凭借佩重纳斯大厦的设计斩获了阿卡汗建筑奖。2012年，同样由佩里的公司设计的一座60层的塔楼——佩重纳斯三号楼，被添加到佩重纳斯大厦结构中。

尽管人们称佩里创造出独一无二的马来西亚设计，这座城市里其实并没有多少真正的马来西亚设计：英国殖民者建造了它最重要的楼宇，而它的商业建筑则都是没有特征的国际风格。真正的传统建筑应该是带有茅草屋顶的短小竹制结构。然而，佩里却说他“尝试去回应当地气候，去回应主导的伊斯兰文化，去回应我从传统的马来西亚建筑中所观察到的形式和花纹。”

这座建筑由就地浇筑的混凝土和圆柱形框架结构组成。结构载荷由围绕在每座塔底部的16个圆柱承受。内部装饰的灵感来自当地工艺，体现了佩里对建筑材料的独特运用。该建筑含有一个祈祷室，穆斯林工作人员可以面朝麦加进行祈祷。为了在控制强烈阳光的同时保有良好的视野效果，窗户有悬挂遮光罩保护，采用了连续的水平丝带设计，为不锈钢和玻璃组成的多面体塔楼带来了热带风情。

41楼和42楼之间的桥梁如同门廊一样将两座塔楼连接起来；塔楼之间的空间是整个设计的轴心。对佩里而言，赋予佩重纳斯大厦独特魅力的，并不是两边打破纪录的塔楼，而是中间的神秘空间。

凯撒·佩里（1926年生）

建筑大师凯撒·佩里设计了许多世界上最具符号性的建筑。他的建筑融合了活泼的公共空间、细致的装饰和情境感知，表达了他对提高生活质量的关注。他的公司设计的知名摩天大楼包括：现代艺术博物馆扩建（1977年，美国纽约），环球金融中心（1988年，美国纽约），富国银行中心（1989年，美国明尼阿波利斯），卡耐基音乐厅塔（1991年，美国纽约），美国银行总部（1992年，美国北卡罗来纳州夏洛特），国际金融中心（2004年，中国香港），伊贝德罗拉大厦（2011年，西班牙毕尔巴鄂），置地广场（2013年，阿布扎比），科斯塔涅拉大厦（2013年，智利圣地亚哥），江景广场（2013年，中国武汉）和目前在建的旨在成为旧金山最高建筑的Transbay大厦。

金茂大厦

JIN MAO TOWER

所在地：中国，上海

建筑师：SOM建筑设计事务所（SKIDMORE, OWINGS & MERRILL）

围绕着金茂的河水凸显了金茂的超凡存在，访客走进大厦，仿佛踏入另一个国度。

1 380英尺/420.5米

88层

不锈钢、花岗岩、玻璃和钢铁

1999年竣工

早春的薄雾里，大厦在云中显现；它赢得了所有人的心。

——王喜《金茂大厦之歌》，1998年

金茂君悦大酒店拥有555个豪华客房，占据了大厦最上方的38个楼层，其特色中庭有31层楼高，令人目眩神迷。

大厦的外墙是厚达46厘米、以宝石精度制造而成的晶格。其质感和比例创造出远比照片更加闪烁迷人的效果。

楼顶参考了宝塔的形状。与亚洲一些标榜为新中国主题却平庸的大楼不同，金茂大厦将历史的影响巧妙地融入了自身的设计。

自邓小平于1992年宣布上海是中国经济腾飞的“龙头”之后，几百亿美元的投资就开始源源不断地注入这座城市位于浦东的金融区——陆家嘴。以廉价劳动力、外商投资和中国向自由市场的转变为动力，上海的高速发展通过充满未来感的天际线和林立的高楼得到了最充分的体现。作为现今陆家嘴的三大高楼之一，精雕细琢的金茂大厦引发了中国的摩天大楼热潮。

金茂大厦由SOM设计，该事务所几乎仅凭一己之力将这座超高层大楼变为现实。和其他外国公司一样，SOM通过提供建造巨型结构的卓越技术能力，协助亚洲客户成为全球金融中心。然而，现有的基础设施是否能够支撑这些巨大的楼宇及其使用者的需求，已成为亟待解决的问题。

金茂的设计扎根于中国人对于高楼，也就是宝塔的集体记忆。大厦的外形、退台和纹饰，无一不唤起人们对于点缀在山脚，用于敬佛的无数的木结构和砖结构宝塔的印象。正如宝塔充当村落的中心一样，金茂也同样地作为周围建筑的中心，肯定着居民们所熟知的过去。这座建筑还采用传统亚洲的风水智慧，创造了结构的和谐。委托方中国对外贸易中心强调，金茂的设计借用了中国以数字8为吉利的概念：随着大厦高度的增加，13个结构退台逐次缩进1/8。金茂的名字寓意“多金”，而它在第88层封顶则意味着双倍的好运。

金茂风格独特的不锈钢和玻璃材质的幕墙与同样位于浦东外滩的老上海装饰艺术设计相互呼应。阿德里安·史密斯在SOM任职时设计了这座大厦，他称这座建筑由钢、铝和玻璃密织而成的外墙为“全金属外套”，因为建筑的皮肤约有48厘米深。而铰接式的钢材表面捕捉光线并将其投掷到建筑内部，用迷人的方式诠释了人们对这座大厦的昵称：“闪耀的东方明珠”。

这座多功能大楼由88层高的塔楼和盘坐在下方的6层高的裙楼组成。由于金茂建造于没有岩床的沙土之上，为避免其受到当地频繁发生的台风和地震影响，其中央的混凝土芯周围搭建有先进的结构架予以保护。带有伸臂桁架的八角形土芯周围固定了8个巨型支柱。外部支柱之间宽大的空间和内部支柱的缺失营造出一个开放的结构，在视觉上几乎没有任何事物能够阻碍人们将上海呈指数级的增长尽收眼底。

无尽的迪拜

迪拜的建成基于一个关键前提：高质高调的建筑能够吸引投资和游客，并将构成阿拉伯联合酋长国的七个酋长国之一的迪拜酋长国，变成中东的金融和旅游中心。这座城市需要哈利法塔这座世界最高的建筑的标志性作用。总的来说，无论从字面上还是意喻上，这样的策略都已有效地将小小的迪拜变成了家喻户晓的名字。

迪拜酋长谢赫·穆罕默德·本·拉希德·阿勒马克图姆拥有这整片土地，是一位具有远见的领导者。他首先授权了哈利法塔的建造，为迪拜增添了神奇色彩。随后他又委任在沙漠中制造3.2公里长的船坞，引入了海湾的海水，创造了几十个全新的临海景区。相对地，国有开发商棕榈岛集团则建造了棕榈岛，将建有度假别墅的岛屿一直延伸向了波斯湾。壮观的酒店落成了，世界上最大的商场开业了，而更大的一座商场的建造计划更是于2013年公开了。有人曾预计迪拜会在2008年的全球经济危机中销声匿迹，他们错了。

过去的20年证明，迪拜并不是一个建筑的海市蜃楼。拥有安全的环境、稳定的政局和连接中西方

一年四季阳光普照的迪拜，是动荡地区里享受免税优惠的友好而宽容的安全港。

作为开发商Nakheel集团对迪拜迷人风情展现方式之一的棕榈岛是当今世界上最大的人工岛，它由三个主要区域构成——主干区、新月区和复叶区，为人们提供豪华的住宅、零售和休闲设施。

AS+GG建筑设计事务所设计的中央大道由两座豪华住宅楼构成，并附有环保设施以减轻沙漠中由日照和风沙带来的影响。设计的关键在于如何最大化地表现附近最重要的建筑哈利法塔的景色。

得天独厚的地理位置，这座城市决定不再单纯依靠石油经济，而走上了以商业、科技和制造为基础的多元化发展道路。阿拉伯之春见证了中东地区在社会层面和经济层面的动荡，而迪拜则是其中的受益者。当地的城市国家渴望模仿迪拜的成功，但由于缺乏政治、媒体和社会自由的环境，这样的希望只能为暴力活动所破灭。作为安全港和免税区，迪拜仍在继续吸引外商投资，刺激基础设施的发展——运输设施和道路建设得到扩张，而当地人口引发的对于社会基础设施的需求，也需要通过建造新的学校、医院、运动中心和住宅得到满足。这一切反过来增加了当地对于能源、水源和废物处理系统的需求，许多相关设施都秉持在后石油世界获得可持续发展的目标进行了设计。

迪拜不断改善基础设施建设——建造新机场、公路和地铁系统，为未来更好的发展做准备。

迪拜马奎斯JW万豪酒店高达335米，是世界上最高的独立酒店建筑；很快就会有另一座一模一样的大厦和它共享这份尊荣。

阿拉伯塔

BURJ AL ARAB

所在地：阿拉伯联合酋长国，迪拜

建筑师：阿特金斯（ATKINS）

1 053 英尺/321 米

56 层

钢铁、混凝土和纤维

1999 年竣工

入住的顾客会受到烟花和喷泉的欢迎。这种热情体现了穆斯林的信念，那就是每位旅行者都应该得到如同先知化身一般的礼遇。

我们有能力实践行动，体现自己的存在，与他人实现交流、互动和共存，并且能够与其他所有文化和文明合作。

——谢赫·穆罕默德·本·拉希德·阿勒马克图姆

阿拉伯塔建造在距离海岸280米的人工岛上，与陆地以桥梁相接。岛屿的四周环绕着一圈中空的混凝土蜂巢，以吸收海浪的冲击。

穆罕默德·本·拉希德·阿勒马克图姆殿下（1949年生）的远见卓识使得迪拜以多样化为基石，获得了炽热的经济成功。在他的领导下，迪拜持续维持两位数的经济增长。

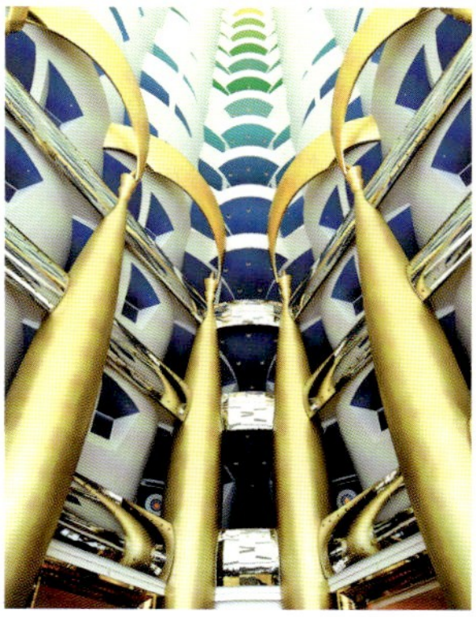

阿拉伯塔五彩缤纷的内部装饰。

夜里，拉伸结构的外墙上亮起闪烁的灯光秀和酒店一些传奇宾客的头像。

阿拉伯塔的形状仿若扬起的风帆，令人忆起迪拜源起于一个渔村。身处这座奢华的酒店里，这是对简单生活的唯一参照。

光彩夺目的迪拜是全球旅游、商业和金融中心，拥有世界上最高的生活标准。作为阿联酋的七大酋长国之一，迪拜得到1970年代石油热潮的推动，经历了商业和基础设施的巨大增长。

迪拜的统治者、阿联酋副总统穆罕默德·本·拉希德·阿勒马克图姆殿下的远见，成就了迪拜的建筑辉煌。他向阿特金斯这所全球性的建筑工程公司伸出橄榄枝，委托他们制造一座如同悉尼歌剧院或埃菲尔铁塔一样、能够为迪拜建立视觉上的即时特征、并传递其前沿思想的地标。

建筑设计师汤姆·赖特设计了状似帆船三角帆的摩天大楼作为回应。它高耸在专门为其建造的岛屿的土地上。赖特解释道："如果把酒店建造在海岸上，它在白天会遮挡住沙滩的阳光。"

这座建筑富有戏剧性的形状由钢制支架制成，并由桁架支撑；而它闪耀的外墙则采用双层结构，由玻璃纤维和带有聚四氟乙烯涂层的拉伸纤维制成，能够漫射阳光和热能。这种布膜由Skyspan Europe公司设计，由12块双曲切面构成，靠钢制桁架和拉杆支撑而起，以抵挡风压。这种结构是对帐篷的现代阐释，响应沙漠气候进化而来，在阿拉伯当地普遍存在。

酒店由迪拜的国际酒店集团朱美拉所有。在这里，奢华这个词似乎都显得平平无奇。酒店的中庭高达182米，系世界最高，内部装饰有用24克拉金叶包裹的锥形柱、分层阳台和30种大理石，包括米开朗基罗创作大卫雕塑时使用的同类石材。尖锐的穹顶和花纹马赛克体现着经典的阿拉伯装饰风格。空气中弥漫着薰香的气味。酒店的其中一家餐厅名为al Mahara（阿拉伯语意为"牡蛎"），需乘坐巨型水族馆中上下穿梭的潜水艇才能前往。另一家餐厅al Muntaha（阿拉伯语意为"最高"）则提供从200米高空才能企及的全方位美景。餐厅的上方设有直升机停机坪。阿拉伯塔酒店自称是七星级酒店——这样的星级在现实的酒店评级中并不存在。有的人可能认为这种奢侈显得过分肆无忌惮，但这无疑是迪拜强力扩张的一个重要标志。

欧若拉大厦

AURORA PLACE

所在地：澳大利亚，悉尼

建筑师：伦佐·皮亚诺建筑工作室（RENZO PIANO BUILDING WORKSHOP）

大厦倾斜的外墙与附近的悉尼歌剧院持续对话。后者覆盖着预制的混凝土外壳，同样象征着船帆的形状。

718英尺/219米

41层

混凝土和玻璃

2000年竣工

魔法是建筑的基础。

——伦佐·皮亚诺《建筑实录》，2001年10月

（左图）大厦和相邻的住宅楼由一个巨大的玻璃广场连接起来，下方是安田侃创作的巨大的大理石雕塑《Touchstones》。

（右图）欧若拉大厦和旁边15层高的麦觉理公寓是表亲，使用了同样的玻璃和陶瓦外墙处理方式，也都有弯曲的楼顶。

“这将会是一座开放的建筑，它与光线、景观、阳光、清风和气流嬉戏”，伦佐·皮亚诺早前如此解释道，因此“它也许能够少一些傲慢的气质，和自然更加温柔地互动。”在这抒情的言语描绘中，这位建筑师表达了欧若拉大厦飘逸的诗意。

欧若拉大厦是一座写字楼兼公寓大楼，位于悉尼的中央商圈，它实现了设计师的预言，将澳大利亚最古老的城市的海港风情和陆地特色巧妙结合。皮亚诺致力于内外关系的探索，在建筑的下部大部分面积使用陶瓦，顶端则参考了几步之外约恩·乌松的代表作悉尼歌剧院，加盖了形似船帆的屋顶。

皮亚诺的大厦在南北面的陶瓦外墙顶端还悬挂着两面玻璃“船帆”，随着高度上升向外展开。玻璃帘幕伸展出主建筑，视觉上仿佛从大厦剥离，制造出了这座摩天大楼即将融入天际的幻觉。玻璃墙上熔有陶瓷白点，使得玻璃在大厦的底部仍旧清晰可见，又仿佛渐渐消失于楼顶稀薄的空气里，进一步增强了建筑的灵气。夹层玻璃面板在隔离热量的同时最大限度地保留了内部的自然光线，从而减轻了大厦在悉尼温暖的气候里对空调的需求。

两端与主体剥离的悬臂垂直防风，保证各个楼层通风。西北角和东南角的冬天花园装有可调节百叶窗，为大楼注入新鲜空气。上班族使用这些区域作为茶歇和休息闲聊的场所；从这些迷你花园，可以俯瞰悉尼的地标皇家植物园和港口。

皮亚诺钟情于陶瓦，摩天大楼广泛使用了这种材料，从大厦的大堂一路延伸往门外忙碌现实的世界。除却皮亚诺所描述的“将建筑根植于过去”，陶瓦砖还令人联想起澳大利亚中部荒漠的红土。大堂十分富有特色，装饰上使用塔斯马尼亚橡木，地板则使用了花岗岩，加之隔音系统和其他低调优雅的细节，使得这座摩天大楼从千篇一律的写字楼设计中脱颖而出。

皮亚诺热爱帆船运动，他的工作室形似鹰巢，高踞在俯瞰热那亚的一座悬崖上，皮亚诺和他的员工就在那里工作。通往工作室的通道是一座蜿蜒漫长的楼梯，又或者说得刺激一些，是一条包裹着玻璃外壳的索道，从上面看，地中海的风貌一览无余。皮亚诺曾经对一位到访者这么说：“这，就是我们从海洋升腾入梦的地方。”

伦佐·皮亚诺（1937年生）

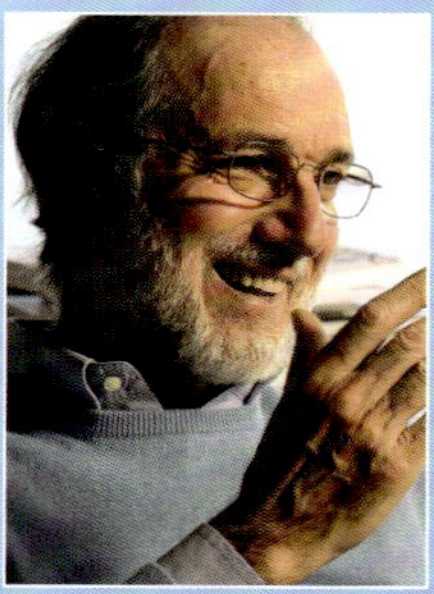

伦佐·皮亚诺是热那亚一位建筑工人的儿子。1971年，他和理查德·罗杰斯赢得了一场国际比赛，获得设计巴黎蓬皮杜中心的机会，从此登上建筑设计的舞台。他的设计结合了美感、高科技和美轮美奂的灯光，获得了全球范围的美誉，其作品包括：美国休斯敦马尼尔收藏馆、日本大阪关西国际机场、新喀里多尼亚的吉恩–玛丽吉巴乌文化中心、美国纽约市纽约时报大厦和摩根图书馆扩建项目、芝加哥艺术学院扩建项目和英国伦敦碎片大厦。皮亚诺于1988年获得普利兹克奖，于2008年获得AIA金奖。欧若拉大厦是这位建筑师的第一座高层建筑作品。

590 英尺 /180 米

41 层

钢铁和玻璃

2004 年竣工

圣玛丽斧街 30 号

30 ST MARY AXE

所在地：英国，伦敦

建筑师：福斯特联合建筑师事务所（FOSTER+PARTNERS）

圣玛丽斧街30号已然是一座知名建筑，它曾以地标建筑的形式出现在许多电影中，比如《BJ单身日记》、《本能2》、《真爱至上》和《赛末点》。

科技是文明的一部分，反对科技就等同于对建筑学和文明本身宣战。

——诺曼·福斯特

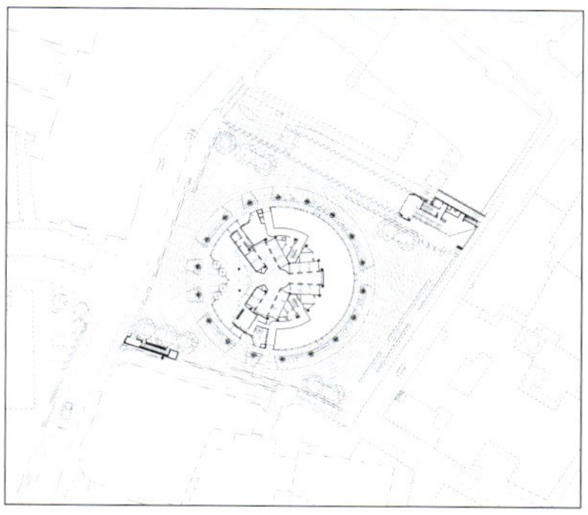

大厦在结构上的特色体现于圆周内部的径向平面，圆的直径由下方的49.3米逐渐增加到最大值56.5米，进而又向顶部逐渐变小。这样的锥形形状在路面上创造了一个开放空间，以作公共广场使用。

外墙高耸的菱形网格构成建筑的入口。

菱形花纹的外墙由5 500块直角玻璃板构成。6道由底部螺旋上升的深色玻璃从视觉上和建筑的垂直组织及巧妙的通风系统交相辉映。从楼顶的餐厅可以看到城市360° 的全景。

瑞士再保险公司位于圣玛丽斧街30号那弧形的总部办公室充满了惊人的新意，引来了专业人士以至街头巷尾的小贩的评论。许多人认为这座大厦看上去像泡菜，“腌黄瓜”是它最受欢迎的昵称。此外还有人将它比作熔岩灯、缠着绷带的手指和导弹。它膨胀的中身和穹形的楼顶又不可避免地引起人们对生殖器的联想。（假如你把它所处的那条狭窄的巷子背后的历史考虑进去，这种联想就更加丰满了。圣玛丽斧街的名字来源于一座传奇的教堂，据说教堂里藏着15世纪时匈奴王阿提拉屠杀处女的兵器。）

这座建筑由Foster+Partners设计，由Arup负责工程实施。原本古板的伦敦天际线正在日益变得活泼，而这座大厦又为它增加了浓重的一笔。经过了全市的激烈争论，福斯特提出的独特设计被包括查尔斯王子在内的一些人哀叹为可怖，而被其他人认为美观。伦敦的天际线足以证明，摩天大楼的审美正在进行不可逆转的快速进化。

伦敦第一座生态摩天大楼的设计基于紧凑的场地限制——占地仅有5 666平方米——是再保险业巨头瑞士再保险公司实现环保的承诺。如同前面所说，这个项目是对福斯特以往观念的延伸，他曾在德国商业银行项目和1970年与巴克敏斯特·富勒的理论合作——微气候建筑中提出同样的观念。这座蛋形的节能封闭建筑以连绵不断的三角形外墙为特色，旨在促进自然与工作场所的和谐。

空气动力学设计减少了偏转到地面的气流，从而避免出现许多摩天大楼广场区域风大而不适合人们停留的问题。这种设计同时创造出外部风压差，驱动了自然节能的通风系统；加之双层玻璃外墙最大化地保存了自然光线和景致，多样化的温度和光线控制得以实现，能源消耗因而减半。

诺曼·福斯特勋爵是1999年普利兹克奖的得主，其设计以结构的逻辑性和美观性著称，能够营造舒适而民主的工作环境。其建筑的“斜肋构架”或者对角支撑的护围结构为地板提供了垂直支撑，办公空间因而不需要支柱。五层楼高的螺旋上升式中庭确保了建筑内部的空气流通，并可作为员工聚集区，鼓励人们进行互动。

大厦结合了结构创新和公益环保理念，斩获了许多奖项，包括斯特灵·杰姆斯建筑奖、钢结构建筑欧洲奖，以及伦敦2010年度五年最佳建筑项目奖。毋庸置疑，这座大厦为长期依赖圣保罗式的穹顶和第二次世界大战后毫无艺术感的建筑的城市，注入了新的建筑活力。

在大厦的落成处，人们发现了一位罗马女孩埋葬于1 600年前的遗骸，并于2007年将其重新埋葬。她原本安息的地方现在竖起了一块刻着月桂花冠的石碑。对女孩的重新安葬提醒了人们，这座孕育了威斯敏斯特大教堂和圣玛丽斧街的城市背后有无数的辛酸历史。

台北 101 大厦

TAIPEI 101

所在地：中国，台湾，台北

建筑师：李祖原联合建筑师事务所（C. Y. LEE AND PARTNERS）

大厦的蓝绿色玻璃幕墙与翡翠同色，翡翠是中国古代奉为珍宝的玉石，象征着纯洁与活力，大厦以此来体现其世俗世界和精神世界。

我们设计的这座大楼基于天人合一的理念，它就像一个植物生长到天空一样，和西方征服自然的思想是有很大不同的。

——C. P. 王《路透社》，2003年9月30日

用以抵消大厦遭遇的风力，这颗镀金的调制阻尼器由焊接钢材制成，重达660吨。

摩天大楼是对社会发展和经济实力的即时体现，也是吸引全世界注意的有效方法。这个策略在为芝加哥和曼哈顿成功使用之后，又被许多如同当今的台北一样寻求树立现代大都会形象的城市所采用。

装饰在大厦外墙的中国传统"如意"以祥云的形状代表着实现和满足。

大厦的公共区域点缀着各色公共艺术，包括罗伯特·印第安纳标志性的《爱》雕塑。作为对台湾的进步公共艺术项目的支持，0.5%的大厦预算专门用于艺术支出。

这座旨在成为新千禧年第一高楼的摩天大楼既是对古典文化的赞歌，又是对"9·11"事件后世界高楼脆弱性的回应。高耸直入台北上空的101大厦是一座写字楼，同时又安置了一座商场和台湾证券交易所。作为亚洲新兴经济实力的体现，大厦的设计和布局融合了中国传统理念和符号，以招徕繁荣、富足和健康。

像这种来自宇宙的祝福，对于经常遭受台风袭击并坐落在活跃地震带的中国台湾来说，也许确实有必要。来自李祖原联合建筑师事务所的C.P.Wang表示，为台湾设计大楼需要对"也许是世界上对高楼大厦来说最严峻的"环境进行特殊考虑。2001年9月11日的袭击又为安全标准和避难逃生措施提出了新的要求。

为了建造第一座打破500米限制的摩天大楼，KTRT合资公司，一家台湾建筑公司的联合企业，钻透了61米厚的泥土和地下20米的岩床。建筑结构由一个巨型框架支撑，框架包含8根外围柱，在每一个楼层与室内柱相连。每隔7层楼固定的水平桁架增加了建筑的稳定性，而中间的空置楼层则为灾难的来临提供了潜在的避难场所。

尽管用于减轻风力和震强的调制阻尼器和巨大的重物已经不是第一次出现，但这座大厦的设计却没有将阻尼器从视线中隔离开来。参观者能够从大厦的两个观光台看到这个阻尼器——金色涂层使它看上去如同新一代的技术之神，悬挂在第87楼和第91楼之间。塔尖每年的震荡次数高达18万次，因而塔顶又设有两个较小的阻尼器，以将振幅进一步减少40%。

101大厦的设计有赖于另外两座亚洲摩天大楼，即上海的金茂大厦和马来西亚的佩纳重斯大厦。这两座大厦都体现了东方审美在其设计中的决定性作用，但台北101大厦走得更远。这座摩天大楼形似一座细长的宝塔，这是一种传统的亚洲形状，象征着保护和成就。同时，大厦又令人联想起竹子这种在中国人眼中代表着好运、力量和韧性的植物。建筑由8个部分组成，每个部分包含8个楼层——8是联系着富裕和福气的幸运数字；而建筑的朝向是南方，也是一个吉利的方位。即便是楼层的总数101，也暗含着摩天大楼式的成功，因为数字100在传统意义上象征着完美。

2011年，台北101大厦作为世界上最高的大厦获得了节能和可持续发展的顶级指标，LEED白金认证，达到了至今为止的最高成就，将"绿色"指标提升到了新的层面。大厦通过为期两年的改造，降低了水电消耗和垃圾排放，每年大约节省70万美元的能源成本。

HSB 旋转中心

HSB TURNING TORSO

所在地：瑞典，马尔默

建筑师：圣地亚哥·卡拉特拉瓦（SANTIAGO CALATRAVA）

623 英尺 /190 米

57 层

玻璃和铝

2005 年竣工

在见到卡拉特拉瓦的大理石雕塑「扭躯干」之后，HSB 前任常务董事约翰尼·奥尔巴克邀请这位建筑师以此作品为灵感设计一座住宅大厦。

卡拉特拉瓦促成了将桥梁和火车站工程学变为魔法建筑的卓越变革。

——埃德温·希斯克特《金融时报》,2006年1月7日

独特的青铜门把手体现了大厦形式和规模的灵感来源。

大厦的灵感来源是卡洛特拉瓦的大理石雕塑《扭躯干》(Twisting Torso)。

大楼外围和楼身一样旋转的钢制桁架使得内芯得到加固。底部和顶部各两个5层高的区层作办公使用,其余楼层皆为住宅。

斯堪的纳维亚最高的摩天大楼微微弯曲,从马尔默这座濒临波罗的海的国际港口的土地上耸立而起。由圣地亚哥·卡拉特拉瓦设计的HSB旋转中心是一座54层高的多功能住宅大楼,它的名字并非来源于旋转这个具体的动作,而是源自其扭曲的轮廓。

这座摩天大楼共由9个同等大小的区层叠加而成,由内置的混凝土芯和外置的钢架固定在一起。每个区层都有5层楼高,本身就是一座迷你大楼。每个区层都在下方的区层的基础上旋转一定的角度,就结果而言,最高与最低的区层相比,向海滨方向旋转了90°。旋转中心形似旋转的人体脊柱,反映了卡拉特拉瓦最初的灵感来源:自然和人体所表现的运动。

"比起外形",卡拉特拉瓦曾说,"动作更加重要。描述一座大楼的时候你经常会说'它的形状像某个东西',然后用手比一个弯形。或者你会说,'这边有个侧翼',然后把手在空气里划拉一下。因此,即便对建筑来说,动作也是很关键的。"

旋转中心作为中央建筑,在马尔默西部港口非常受欢迎。西部港口区域一度工业萧条,而今正在往可持续城市发展方向复活重生。2001年马尔默开发了Bo01区域作为住宅展览的一部分,这是瑞典第一个使用气候无害能量系统的城市区域。自诩"明日之城",该区域迅速地在Bo01的基础上进行扩张,出现了滨海长廊、码头、餐厅、大学和高新技术企业。雨水得到收集和利用,汽车交通受到限制,公交车和自行车成为主要交通方式。

和西部港口的其他建筑一样,旋转中心使用可持续能源——太阳能、风能和水能。大厦内部147套住房的住户能够通过显示器控制各自的能源消耗。有机废物被厨房垃圾处理系统磨碎,送到收集缸,再送往工厂分解。烹饪和交通燃料都使用沼气代替天然气。

然而,生活在欧洲第二高的住宅大楼里并不因此而简陋丝毫。旋转中心的住房以美妙海景、石灰石门厅、公用酒窖和在第49层的观景台为特色。有了高级礼宾服务打点一切,在这瑞典最壮观的地标建筑——"绿色"的旋转中心生活,已经成为身份地位的象征。毕尔巴鄂效应——通过建造一座打破常规的建筑来树立城市身份,使得马尔默立刻创造出了不属于任何具体的地点或时代的性格。许多人认为这是一种遗憾,但也有许多人相信这个设计的现代流动性提出了全球语境下以建筑回应自然问题的新形式——正如旋转中心所秉持的理念一样。

圣地亚哥·卡拉特拉瓦(1942年生)

西班牙建筑师、工程师和艺术家圣地亚哥·卡拉特拉瓦因设计了大部分位于欧洲的超过50座桥梁之后,获得了国际范围的良好声誉。他的作品结合了高科技和美感,以充满动态和绿色环保的理念俘获了公众的想象力。

上海环球金融中心

SHANGHAI WORLD FINANCIAL CENTER

所在地：中国，上海

建筑师：KPF建筑师事务所（KOHN PEDERSEN FOX）

在20世纪90年代的亚洲金融危机影响下，这座现增高32米的大厦一度停工；为了保证地基在复工后的正常使用，曾对其进行重建。

1 614英尺/492米

101层

钢铁、混凝土和玻璃

2008年竣工

我们的目标是以最简洁的形式创造出世界上最坚固的存在。

——威廉·培德尔森《建筑实录》,2009年

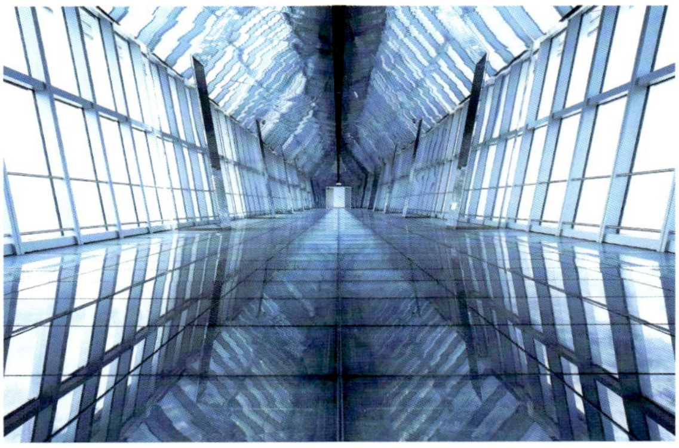

100楼观光天阁,大厦的公共观光长廊,横跨方形的天门,透过透明的地板,可以看到欣欣向荣的天际线。

大厦从底部的四边形垂直上升,在顶部变成六边形。

蓬勃发展的陆家嘴位于黄浦江畔,与老的城中心隔河相望,中国最高建筑前三甲全部坐落于此。

建造亚洲最高建筑的赛程已经打响。但从制图板走向天际向来都是一个挑战,对于在东方国家工作的西方设计师而言更是如此。中国不断地尝试在不脱离政府管制的前提下采用资本主义举措,在主导金融潮流走向和变幻莫测的建筑规则的同时,要建造一座具有独特亚洲风格的摩天大楼着实不易。上海环球金融中心,这座熠熠夺目、高耸入云的城中城,是超高层建筑克服强大的文化、结构和经济障碍的优秀案例。

1997年,日本森大厦集团聘请摩天大楼设计大所KPF负责在上海高速发展的金融区建造世界第一高楼。KPF设计了一座棱柱形建筑,该建筑在狭窄的楼顶凿出直径46米圆形开口,以减少风压。圆形原本作为中国传统宫殿园林入口——月洞门的现代演绎,却因形似日本国旗上的红日,而激起中国人对第二次世界大战日据时期的痛苦回忆。

修改大厦的楼顶设计期间,李祖原的公司受聘设计台北101大厦,旨在建成世界第一高楼。在台北的工程师们为地震带建楼寻求解决方案的同时,亚洲经济发展速度减缓。由于地基已经打好,环球金融中心的建设遭受了百般波折。近旁于1999年竣工的金茂大厦吸引了环球金融中心的办公室和酒店租户,进一步减少了对其高端空间的需求。

在经济停滞的情况下,森大厦集团决定将大厦建得更高,聘请了超高层工程专家LERA建筑工程团队。2004年,大量跨国公司入驻,为上海地区高质量办公场所提出需求,环球金融中心复工。大厦原计划达510米的总高度,以期与台北101大厦一争世界第一高楼(按建筑实体高度计算)的美名,但由于建筑高度限制令的下达,最终止步于492米。为了在原来的地基上建造更大的建筑,大厦重量必须更轻,高度必须更高,同时还必须抵抗更强大的风力负荷——其解决方案堪称“天才之作”。

由LERA负责结构设计,这座锥形建筑外围的4个巨型柱分布在纵横基的4个角,而在大厦高处则随平面变为六边形增加到6个。呈菱形纹路的外墙在垂直方向连接巨型基柱,而在水平方向连接钢制桁架。大厦的钢筋混凝土芯与外围结构在3个高度由伸臂桁架连接。在19楼高处设有两个调制阻尼器。重新设计的塔尖是一个巨大的中空梯形,为建筑的设计增添了优美的线条。

特朗普国际大厦酒店

TRUMP INTERNATIONAL HOTEL & TOWER

所在地：美国，伊利诺伊州，芝加哥
建筑师：SOM 建筑设计事务所
（SKIDMORE, OWINGS & MERRILL）

大厦的设计融合了巧妙的融资方式，使得酒店的住户和停车场的租户带来的收入能够用于建筑在建的部分。

1 389 英尺 /423 米

92 层

混凝土和玻璃

2009 年竣工

我们成就了建筑，建筑也成就了我们。

——布莱尔·卡敏，2010年

芝加哥市民一度对来自纽约的这位神气活现、注重外表的唐纳德·川普表示怀疑，但是这座同名大厦的开发商支付了公共设施的费用，赢得了市民的心。

大厦外层覆盖着带有铝和不锈钢窗棂的玻璃幕墙，反射着太阳光。

以此为例，令人惊喜的全壁式落地窗将右侧的箭牌大厦和左侧的论坛报大厦纳入窗景。

唐纳德原计划将他在芝加哥的新大厦建成高过威利斯大厦的美国第一高楼。然而在2001年9月11日的恐怖袭击之后，对于超高层建筑——尤其是对其安全性和可销售性的观点，发生了改变。如此背景加上动荡的经济环境，迫使唐纳德重新考虑他的梦想。包括圣地亚哥·卡拉特拉瓦的芝加哥螺旋塔的一些大厦最终未能成事。在重重考验下，由来自SOM建筑设计事务所的阿德里安·史密斯设计，并由当时在同一公司就职的威廉·贝克负责工程建设的川普国际酒店大厦在2009年成功开业。

大厦占据黄金地段，坐落于芝加哥河一个柔和的弯道旁，自卢普区北密歇根大道高耸92层而起。这无疑是一流的选址。建筑评论家布莱尔·卡敏在《恐怖与奇迹：动荡时代的建筑》一书中表示，史密斯把大厦放在选址的西部边缘，"将它与巨大的330北华拔士和马里纳城捆绑在一起……以防止箭牌大厦(Wrigley Building)看上去变得矮小，"并且"用高出路面12米的桩柱把巨大的摩天大楼抬起，进一步打开了这个区域。"考虑到大厦会影响河流的景观，设计师们将大厦的外墙设计成曲线以反映其从水出发的立场，而大厦的南边与河岸平行，在底部留出了三层人行通道。

这座使用了抛光不锈钢和彩色玻璃的建筑体现的第二大特色则是其不对称的退台结构，与周围的环境和谐相融。大厦采用管束建造法，一系列退台都和附近的高楼高度相仿。第一个退台设计在16层，正和箭牌大厦的檐口同高。在29层楼的第二个退台参照了贝特朗·戈德堡设计的马里纳城。最后一个退台设计在51层，则向华拔士街对面密斯凡德罗的IBM大厦致敬。

尽管在20世纪美国的摩天大楼建造中，钢材是最普遍的结构材料，但包括超流体高强度自密实混凝土在内的混凝土材料、强力泵、新建模系统等新型技术的诞生，使得诸如川普国际酒店大厦这类高层混凝土建筑的建造效率更高、成本更低。这座摩天大楼使用了坚硬的混凝土楼芯和伸臂桁架。

作为规划建设的创新之举，大厦在建设期间，将底部30层已完工区域对公众开放，同时继续高层建设，使得开发商能够在冗长的建造过程中开始收回投资。大厦共分为五个阶段开放，以2008年1月的酒店和停车场为始，每个阶段都作为独立自给而符合规范的建筑进行入驻和经营。鉴于超高层建筑需要极大的资金支持，这种分阶段入驻的方式可谓是这座大厦最为精妙实用的创举之一。

AQUA
水纹大厦

所在地：美国，伊利诺伊州，芝加哥

建筑师：甘建筑师事务所（STUDIO GANG ARCHITECTS）

822英尺/250米

82层

混凝土和钢铁

2009年竣工

建筑师珍妮·甘是罕见的女性摩天大楼设计师。她所设计的这座82层楼高的大厦在女性创办的建筑事务所作品中创下了最高纪录。

设计理念来自波浪，混凝土的流动性。

——珍妮·甘

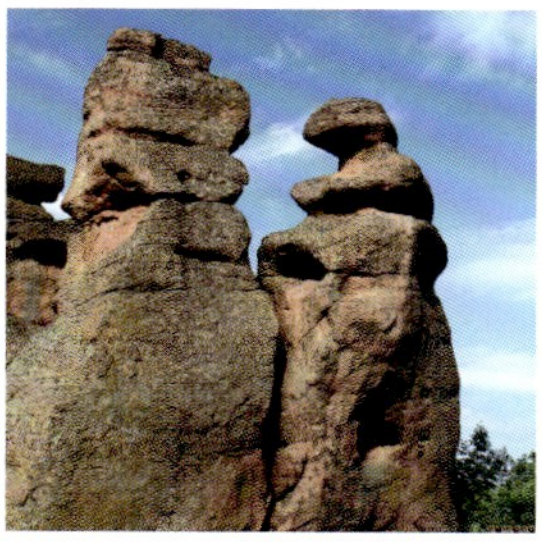

（左图）行人得以享受到水楼充满感性的轮廓特写，而从远处则能看到这些线条融合成一座纤细、闪耀而挺拔的摩天大楼。

（右图）这座摩天大楼的灵感来源于该地区古老的风化石灰石层状地貌。

在童年时代一次穿越科罗拉多大峡谷和梅萨维德平顶山的家庭旅行中，珍妮·甘从“自然景观和雕刻在悬崖上的民居”的融合中获得了灵感。

现在珍妮·甘将自然景观和建筑相结合的创新做法得到了国际范围的认可。水纹大厦俯瞰芝加哥的密歇根湖，结合了住宅和酒店于一身。作为这座摩天大楼的首席设计师，珍妮·甘将其阳台“雕刻”成波浪的形状，与大湖区周围凸起的风化石灰岩遥相呼应。

虽然水纹大厦的楼芯是传统的矩形结构，但它的垂直造型升降机却将摩天大楼的设计带入了新的领域。为了超越传统的建筑材料，在这里，混凝土的使用得到了创新。每个楼层平面都有轻微的差异，没有任何两个平面是相同的，这种做法创造了动感。在露台的延伸方面则使用了全球定位系统进行计算，以确保每个单元都能享受开阔的视野；在致密高层建筑环绕下的低楼层更需要细致考量，以确保采光和遮阳。波澜起伏的混凝土阳台向外延伸出长达3.7米，为居住者带来芝加哥地标建筑和密歇根湖的惊人美景。蓝绿色的染色玻璃墙则强调了建筑与湖畔的联系。

水纹大厦是珍妮·甘建筑师事务所迄今最大的项目。该事务所和著名的卢文堡建筑事务所合作；由马格努森·克雷蒙希克负责结构工程，詹姆士·麦克修建筑公司为总承包商。水纹大厦系其开发商马格兰发展集团旗下的综合性“城市农村”获奖项目——湖东项目计划下的14座高楼之一。面对选址11.33公顷的面积和高达16米的高度差，马格兰集团采用了SOM设计师事务所的阿德里安·史密斯所设计的计划，巧妙地在中央公园的周围建设了一条坡度和缓的车道。马格兰的总裁大卫·卡尔林斯表示，“史密斯的计划在美观和可居住性上都出类拔萃，并且减少了6 000万美元的基础设施建设费用。”在此基础上，湖东项目的大部分露天空间都设置在面积为24 281平方米的公园周围。公园里有可爱的花园和瀑布喷泉，还有一条小溪流过带有大门的宠物通道。公园对外开放，将湖畔和芝加哥河滨，附近的千禧公园、密歇根大道的城市操场连接在一起。弗兰克·格力的普利兹克露天音乐厅和亚尼什·卡普尔神奇的“云门”就坐落在密歇根大道上。

贝弗利·威利斯建筑基金会的总监万达·巴布里斯基一向致力于增强人们对女性建筑贡献的意识，她表示，“受教育的女性占总数的40% ~ 50%，而以AIA为例，职业协会中的女性成员仅占总数的13%，这样的差异值得警惕。”水纹大厦作为由女性创办的建筑事务所作品中的最高纪录，在这样的时代背景下无疑是一个巨大的里程碑。

水纹大厦是一个颠覆传统的作品，它实用而不失风趣，在取悦居住者的同时，也没有忽视往来的行人。它认可周围的杰出作品，同时向更加古老的地貌致敬。珍妮·甘很好地完成了多重任务。

珍妮·甘（1964年生）

麦克阿瑟研究员珍妮·甘是甘建筑师事务所的创始人和首席设计师，她以“在各种建筑结构中挑战‘建筑’的美学和技术可能”而获得了国际声望。她于2007年成立了自己的事务所，此前曾就职于大都会建筑事务所（OMA）。其近期作品包括：哥伦比亚学院的芝加哥媒体制作中心、占地36.83公顷的北岛公园的设计、下曼哈顿区的太阳切面大厦，以及林肯动物园的自然步道。甘建筑师事务所以合作精神、跨学科的工作流程，以及对环境责任的重视而得到认可，在威尼斯建筑双年展、MoMA和芝加哥艺术学院（事务所的独立首秀于2012年9月～2013年2月在此进行）均有展出。

环球贸易广场

INTERNATIONAL COMMERCE CENTRE

所在地：中国，香港

建筑师：KPF建筑师事务所（KOHN PEDERSEN FOX）

乘坐电梯的客人使用智能卡将目的地相同的人群分配到同一座电梯，以最大程度减少等待的次数以及电梯厢运作的能耗。

地面层、接地层以及地下楼层的设计是最大挑战和机遇。我们创造城市肌理的基础样本，将公共领域纳入私人发展。

——科恩·培德森·福克斯，2010年

大厦高出地面的部分显示出广阔的地下网络。就如同一棵巨树，它伸展根系，将群众连接到各式各样的基础设施和交通路线。

顾名思义，九龙的意思是“九条龙”，意指香港山丘的布局。ICC重叠的玻璃瓦片棚可以比作一条龙的鳞片和尾巴。

ICC和佩里·克拉克·佩里的IFC一起构成了通往香港的门户。西九龙是最热门的新商务区，隔着维多利亚港的另一头，就是寸土寸金的中央商圈。

下一代超高层建筑必须满足极限高度的需求，并且越来越多地重新定义地面上下的公共空间。这座新建的摩天大楼如同一颗根系蔓延的巨树，巧妙地连接着内部结构，并充分利用了本土和区域转型及商业网络。它不再仅仅是一个独门独户的一次性建筑，而是计划着以东道主的姿态对当前和未来的条件作出回应。由KPF建筑师事务所设计的环球贸易广场（ICC）坐落于香港西九龙地区，推动并巩固着这座当代城市日益扩张的网络及其区域间的连结。

大厦高达118层，且有4层地下楼层；它自下往上逐渐变窄，外墙覆盖着一层楼高的玻璃镶板。玻璃幕墙自建筑主体往外剥离，对外呈弧形展开，覆盖中庭并过渡到入口，当地人都将它比喻成龙尾。这个弯曲的地面层将大厦植入周围的环境里，在三个方向提供了遮挡，而北面则延伸到商店和交通线路。除了为行人遮风挡雨，龙尾还起到抵挡台风的作用，对于常有台风过境的香港来说十分实用。大厦有部分楼层作为办公室，在100层有一个公共的360° 观景台，而自102层起至118层则是丽晶卡尔顿酒店。

KPF于2000年赢得了设计ICC的机会。项目的发起者是开发商新鸿基地产和地下铁路公司，二者合作在填海而成的333万平方米土地上建造新的城市综合体。大厦下方是一个由政府兴建整合的交通枢纽和基础设施的地下世界，将ICC连接到中央商圈，整个行政区，以至中国其他超高层建筑。在由公共交通地面网络联通起来的巨大垂直建筑生态系统中，ICC已经发展成其中的一部分。

ICC是一个巨大的交通枢纽，在香港第一条高速铁路——广深港高速铁路（XRL）于2015年建成之后，它将成为超高层建筑链的一环。XRL将从香港中央商圈的国际金融中心（佩里·克拉克·佩里建筑事务所，2004年）出发，连接到ICC，进而往北通往目前在建的另外两座KPF建筑——深圳的平安国际金融中心和广州周大福金融中心。这意味着工作族可以借由同样的铁路网迅速地在大厦间和区域间往来，仅花费一小时就能够从香港市中心来到广州北部，而香港和大陆之间的经济纽带将进一步巩固。最终，ICC将在水平面和垂直面上与周边一体化。它已经从根本上改变了高层建筑的设计和使用方法。

美国银行大楼

BANK OF AMERICA TOWER

所在地：美国，纽约

建筑师：库克福克斯建筑事务所（COOKFOX）

这个生态建筑的最大效益不是节约能源成本，而是提高人的效率和幸福感，这对雇主的最终收益有着更深远的影响。

1 200英尺/366米

55层

玻璃、钢铁和铝

2010年竣工

精神上，我们有责任成为保护自然资源的智者，在设计的同时考虑自然和建筑的相互作用。

——理查德·库克《Oculus》，2005年

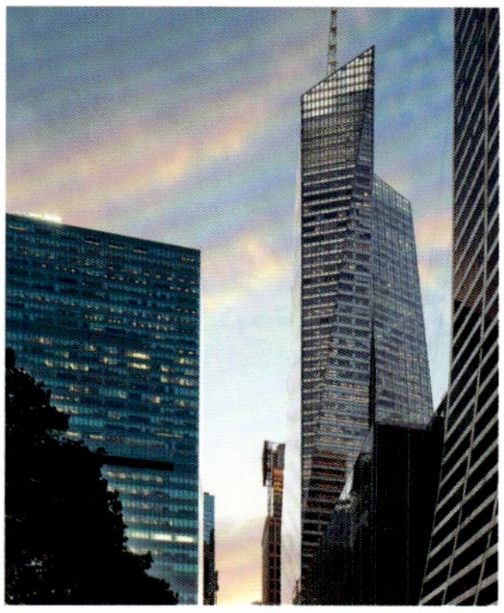

（左图）地板至顶棚的窗户，先进的双层墙技术，可移动的地板，空气净化系统等，有助于提高住户的健康水平和工作效率，同时又可以降低能源消耗。

（右图）从第六大道看美国银行大楼，旁边是格雷斯大厦前景，格雷斯大厦由戈登·邦夏设计。

1853年，首届世界博览会在纽约水晶宫召开。水晶宫是一座由钢铁、玻璃为材料的超大建筑，开创了现代建筑的先河。沃尔特·惠特曼形容水晶宫在阳光和蓝天下闪耀。水晶宫坐落在水塘广场（Reservoir），之后更名为布莱恩特公园，也就是现在纽约人都很熟悉的纽约公共图书馆后的城市绿洲内。对面伫立着光彩夺目的美国银行大厦，也被称为布莱恩特公园一号。受到水晶宫的启发，COOKFOX建筑事务所设计了美国银行大厦的纽约总部，建筑整体是透明的水晶结构，结构表面的线条能够吸收和折射光线。

实际上，相比这座摩天大楼的结构，大楼开创了生态友好型建筑的先河。美国银行大厦是全美成功应用LEED的最高建筑，也是获得美国绿色建筑协会（USGBC）最高评级的建筑。建筑的设计初衷就是要尽可能地减少能源和水资源的消耗来创造一个健康的室内环境，强调自然光线和新鲜的空气。大楼已经成了纽约最环保、最先进的建筑。

开发商——美国银行和地产公司Durst集团，有着出众的环保资质。美国银行作为美国绿色建筑协会（USGBC）发起人之一。1999年，Durst集团建成了纽约时代广场4号的康德纳斯特大厦，美国最早的绿色办公大楼。

这个钢和混凝土的超级建筑设计呈现螺旋向上，向内倾斜，尽量减小其超大结构对周边高密度建筑群的影响。高性能玻璃铝制幕墙最大可能地吸收阳光，但是将不需要的温度挡在外面。通过吸收不同角度的太阳光，反射更多的光线到街道上。地板下的空气输送系统保证足够的温度以及散热，同时还有经过过滤，比室外更干净的新鲜空气。

摩天大楼使用的可再生、可循环利用的建筑材料均由当地提供。建筑本身的热电厂和夜间冰蓄冷空调系统共同运转，为大楼供电，减少高峰时段对城市电网的供电需求。建筑顶部的绿色植被缓解因为城市建筑顶部吸收并再辐射太阳光造成的热岛效应。大楼储藏雨水和污水以便再次使用；男厕所的便池也是采用无水处理，这样每年节约了3.8万立方米的水。自然光线和LED光照明降低了耗电量。大厅里，纯天然的材料——耶路撒冷石，皮制嵌板，白色橡树门把手，使得大楼更加人性、更加智能。大楼自带的太阳能光电板被安放在路人可看见的三个地方，起到示范作用。

建筑师罗伯特福克斯说，这些环保装置将原本13亿美元的预算提高了2 500万美元，计划在大楼运营后通过节能和提高员工效率来补偿。另外，灵活的电源插座，通风设备，通讯电缆的排布大大减少了移动和翻新的成本。考虑到办公大楼流动率或者每年租户的更换率，平均在10%～15%，可节约不少。

惠特曼的诗句可视作对水晶宫的赞美，充满着预知和希望："青草慢慢地生长/雨水慢慢地落下/地球慢慢地转动。"基于对社会、经济和生态这三方面的影响，这个现代的玻璃建筑代表了摩天大楼设计理念的探索。

超级环保摩天大楼

阿德里安史密斯+戈登·吉尔建筑事务所（AS+GG）提议改装芝加哥威利斯大厦——美国1973～2013年最高的大厦。像20世纪70年代的其他建筑一样，威利斯大厦的设计并没有考虑环境的因素。如今，只要更换大楼的16 000扇窗户就可以节约一半的供暖费用。下面列出的大楼系统的更新和其他环保措施可以让维利斯大厦更加节能。

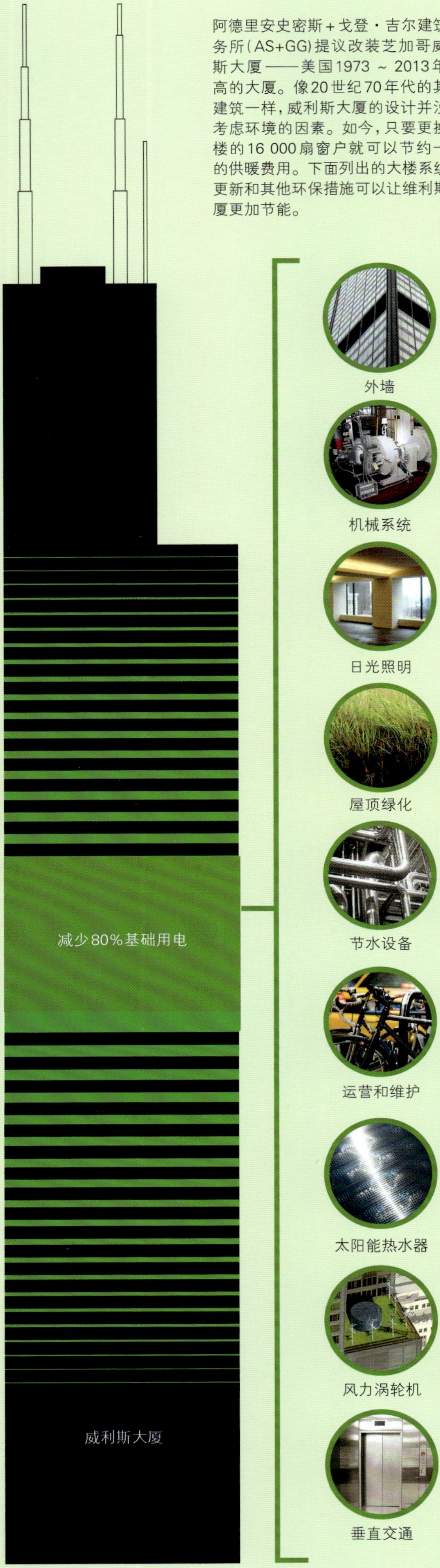

全世界温室气体1/3来自建筑本身，加上城市化速度加快，人们对建筑的要求不仅是高，而且要环保。过去的几十年里，出现了第一代环保型建筑，很多建筑师和工程师热衷于采用新的可持续的技术。如今，开发商、承包商、政策制定者、大楼租户也加入其中，要求并期待建筑可以节约珍贵的资源，降低耗能。

摩天大楼耗能明显，但是可以加以利用实现环保价值。首先，高度。数千人生活和工作集中在同一空间，有效地解决了城市化的问题，尤其是周围有空旷的公园和便捷的公共交通。风作为超高层建筑的宿敌，除了可以提高建筑的美感，还可以作为清洁能源来使用。

悉尼的布莱街1号（2011年）是第一座赢得澳大利亚绿色星级认证最高级别认证的办公大楼，由德国建筑师英恩霍文（Ingenhoven）和澳大利亚的Architectus建筑公司共同完成设计。大楼拥有双层玻璃幕墙，并由双层玻璃墙之间的中庭空间来实现空气流通。

曼哈顿首个LEED白金项目，COOKFOX建筑事务所的总部楼顶占地334平方米，种植了很多易维护的景天植物。屋顶的绿色植被可以蓄水，也可以减轻大楼的降温压力，应对城市热岛效应，减轻城市的供电压力。

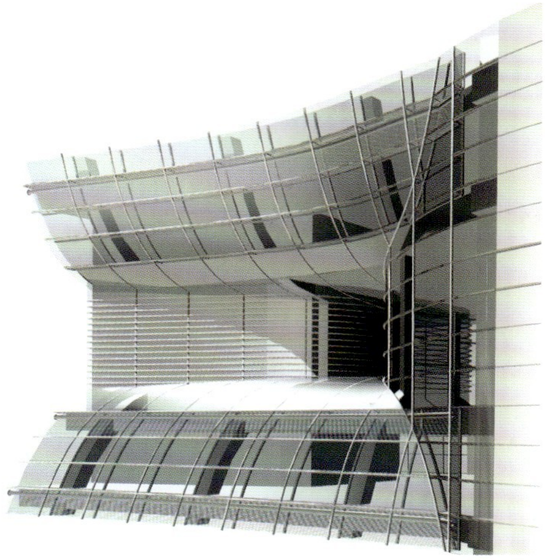

SOM建筑事务所设计的广州珠江城大厦(2012年)是首座零耗能摩天大楼。两个巨大的进口通道将风吸到风力涡轮机内进行发电。同时这两个通道也构成了大厦的弧形立面的轮廓。

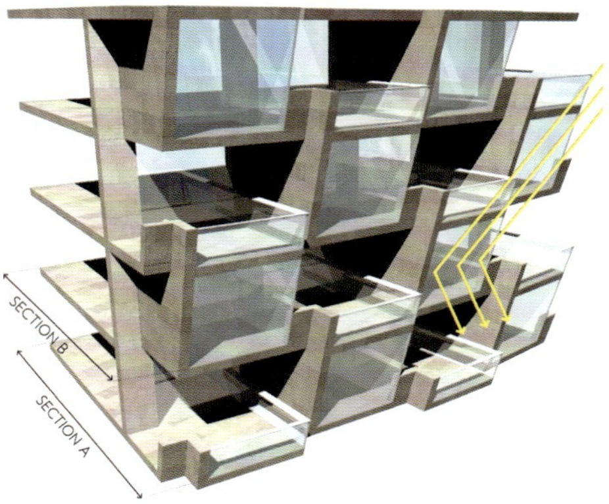

林荫大道大厦的设计也考虑到了迪拜温暖的气候。交错的露台,倾斜的玻璃幕墙转移太阳光,减少热量的吸收,最大程度减小风沙堆积。AS+GG建筑事务所的设计想法是通过将大楼包裹在混凝土之内来减少日光暴晒。

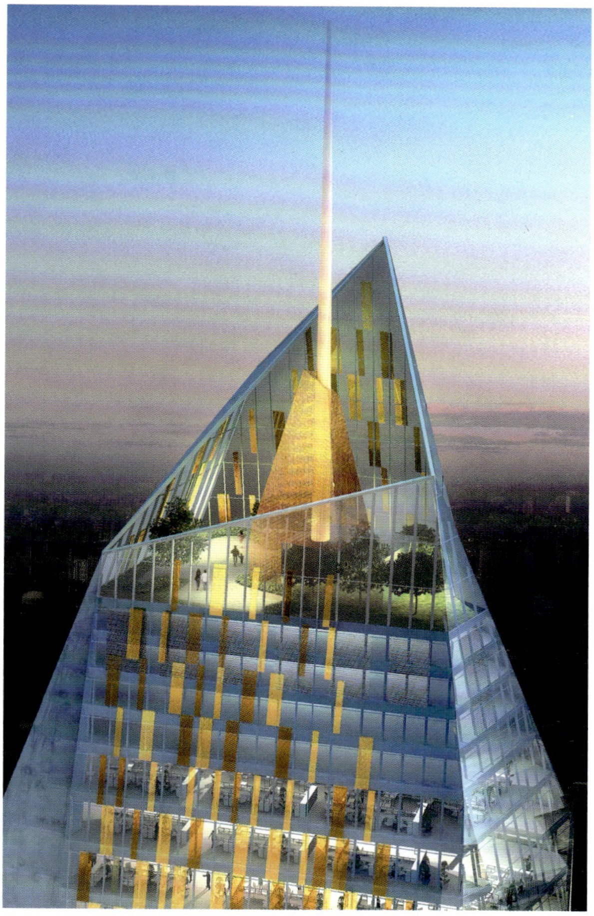

42层的伊斯坦布尔的文艺复兴大楼由FXFOWLE建筑事务所设计。大楼是双面玻璃幕墙结构,减少了供暖压力。三个空中花园为白领提供了新鲜的空气和休息空间。

建筑师们正在重新思考建筑理念用以代替久远的设计智慧,实现环境和现有建筑结构的和谐共存。最好的建筑设计,正如古人所说,来自人工和自然的结合。其次,摩天大楼的深层地基使得设计师可以将地热能用作取暖和降温。再次,摩天大楼作为城市产物,和公共交通有着千丝万缕的联系,从而也是减少碳排放量的重要环节。也许最重要的是建筑师和工程师之间更长时间、更紧密的联系使他们可以共同寻找提升建筑美感,提高建筑环保价值的最佳方案。

绿色环保建筑在使用时成本低,更容易被市场接受。通过提高员工的生产率和健康水平来实现社会价值。可持续性评级制度已经在城市之中广泛应用,大楼的业主和租户也希望可以获得并吹嘘他们的环保资质。评级体系包括:美国的BREEAM、LEED,日本的CASBEE,中国的CBAS,德国的DGNB,澳大利亚的绿色之星。尽管高层建筑不一定是绿色环保的,但这些认证体系明确列出了可持续建筑的特征,强调绿色环保也是公司形象的一部分。

建筑与周遭环境的协调一致是建筑的核心。最标新立异的摩天大楼不是格格不入,而是通过提供服务,衔接公共交通的方式和整个周边环境联系在一起。这种理念在城市规划中十分明显,例如中国一些城市在规划设计之初就考虑到了经济的、社会的、公共交通的,以及环保的协调统一。这些不仅是在拯救地球,也具备一定的经济效益。

哈佛大学生物学家爱德华·威尔森提出了一个名词叫"biophilia",字面意思为热爱生命,指的是人类和其他任何生命体有着本能的联系。超级摩天大楼远离城市的天空,但超级环保摩天大楼却不是。通过重新认识城市上空的景致,呼吸新鲜的空气,吸收大自然的阳光,为植物创造适合生存的空间,再加上水景的因素,绿色环保摩天大楼开始欣赏自然,大多数人很快会爱上这种对自然的恩赐。最终人们也会守护他们的所爱。

哈利法塔

BURJ KHALIFA

所在地：阿拉伯联合酋长国，迪拜

建筑师：SOM建筑事务所（SKIDMORE, OWINGS & MERRILL）

就像在狂风中人通过分开脚站来保持稳定一样，钢筋混凝土大楼以它巨大的重量来避免倒塌。

- 2 717英尺/828米
- 162层
- 玻璃、钢铁和混凝土
- 2010年竣工
- 世界最高建筑

我们不仅要做世界上最高的建筑——我们要代表世界上最高水准的意愿。

——威廉·贝克，2008年

哈利法塔独特的三叶草设计启发了大楼下面一个占地11万平方米的公园设计，这个公园有游泳池和花园。花园一年消耗56 781立方米的水，这些水都是大楼的冷凝水收集的。

事实上，每个文化都有他们连接天地的世界之轴，他们用这个来和上天沟通。哈利法塔就是这个世界之轴，也是迪拜高速发展的名片。

哈利法塔是世界上最高的建筑，甚至给他下面的云层带去了阴影。它惊人的高度——想象帝国大厦加上芝加哥威利斯大厦还有多余空间，已经创造了建筑史上的奇迹，也成为奢华的海滨城市迪拜的奇观。

为了建造这座大厦，伊玛尔地产联合韩国三星工程，项目负责人Turner International 集团。建筑师阿德里安·史密斯，SOM建筑事务所参与设计哈利法塔，参与设计的还有SOM事务所负责结构和土木工程的合伙人威廉贝克，负责事务所经营的合伙人艾夫斯塔修。和克莱斯勒大厦一样，哈利法塔的最终高度曾一度是个谜。直到2010年正式公布这个惊人的高度，全世界都知道了迪拜塔，也称哈利法塔，是根据阿拉伯酋长国总统阿布扎比酋长的名字命名。

根据建筑师阿德里安·史密斯所述，哈利法塔的细长的三叶草设计源自沙漠之花蜘蛛兰花瓣的形状和传统阿拉伯建筑的线状结构。整个大楼呈螺旋向上的Y形，减少大楼的剖面。大楼顶部，中央核心逐渐转化为尖塔。由玻璃、铝、钢结构材料共同组成的覆面呈现垂直的不锈钢翅形，可以有效地减小风力的影响。

几十年来摩天大楼技术一直不断进步，但是迪拜塔却跨出了最大的一步。Y形大楼采用“扶壁核心”，地面呈现三角形，这样不仅满足了迪拜塔高度的要求，也保证了楼面板不至于太厚，从而有利于观赏风景和采光。

混凝土一直要输送到破纪录的624米的高空。钢筋混凝土支撑了156层的高度，156层以上采用钢支撑结构。大厦中央六边形核心，增强了建筑的抗扭性，同时也是大厦电梯的所在地。因为大厦的住宅功用，考虑到内部蜂巢状的结构墙也可以作为建筑的支撑，因此房间相对较小。

哈利法塔始建于2003年末，地处沙漠也使施工面临很多挑战：首先是在满是沙子和碱性水的沙漠中深挖10米。绝大部分地基是位于地下水中，地下水含氯和硫酸盐，会腐蚀钢结构和混凝土；其次，周期性的夏马风会造成巨大的沙暴。“我们实际上是在一个风洞里设计这个建筑”，贝克说。

繁荣的旅游经济，充满阳光，友好的迪拜很快成了一个真正的大都市。当哈利法塔准备正式营业时，迪拜出现了经济泡沫，房价下跌。很多人认为迪拜只是沙漠中的海市蜃楼。但是，灾难没有发生，迪拜又回到了传统模式运营的游戏当中。哈利法塔将至少在今后的5年以内蝉联世界最高建筑的桂冠，因为建造这样一座超级摩天大楼至少需要5年时间。然而，即便此刻，新的世界最高楼还处于设计阶段。

央视总部大楼

CCTV HEADQUARTERS

所在地：中国，北京

建筑师：OMA 建筑事务所（OMA）

央视大楼不追求高度，而是一个三维立体的环形建筑，其他建筑要想在地标规模上超过它几乎是不可能的。

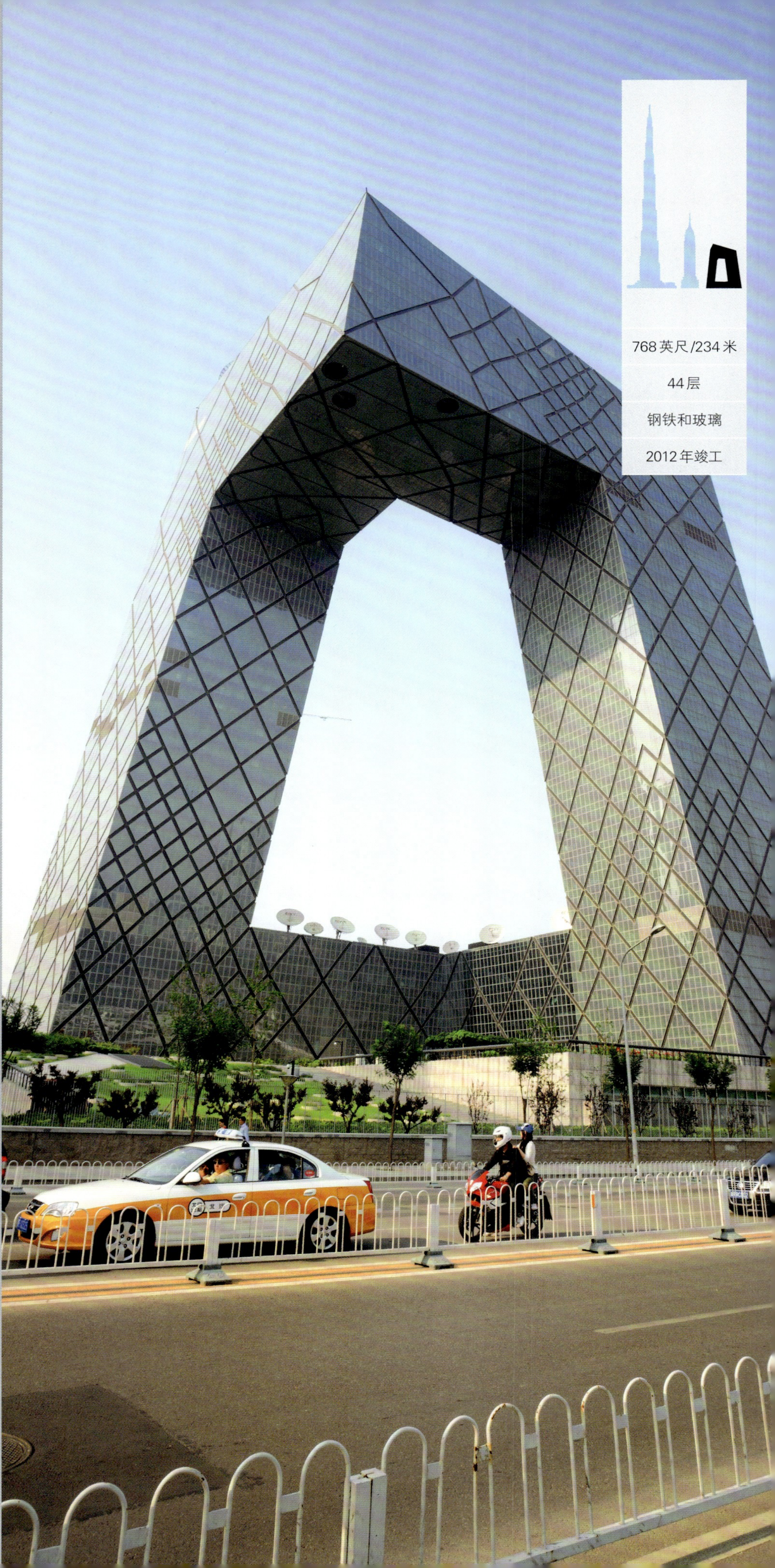

768 英尺/234 米

44 层

钢铁和玻璃

2012 年竣工

央视大楼旨在突破摩天大楼的类型。放弃了传统二维摩天大楼对高度和风格的追求，央视大楼是一座真正意义上的立体建筑。

——大都会建筑事务所

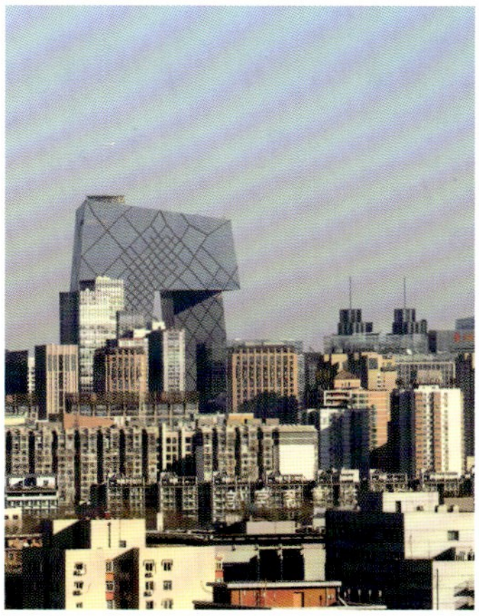

（左上图）OMA建筑事务所选择灰色的烧结玻璃来做幕墙，有效地弱化了常年城市雾霾对大楼视觉效果的影响。

（右上图）两个相互倾斜的大楼通过一个L造型的桥梁式结构连接，这个桥梁式结构有9 ~ 13层楼高，在半空中形成了一个合适拐角。

（左下图）2008年奥运会时，央视大楼作为奥运会建筑群的一部分首次亮相。奥运会建筑还包括赫尔佐格和德梅隆事务所设计的“鸟巢”（如图所示）和由许多建筑师共同设计的国家游泳中心“水立方”。

（右下图）幕墙上的斜拉钢支撑结构展示了大楼的作用力，在受力大的地方这个结构更密集。

新的央视总部大楼和传统的摩天大楼完全不同，由雷姆库哈斯、大都会事务所前合伙人奥雷·舍人、英国奥雅纳工程顾问公司，以及本土的华东建筑设计院共同参与设计。央视作为政府的声音，观众有10亿之多。新的总部大楼作为2008年北京奥运会的一个礼物，展现了国际化的建筑设计理念。政府出资数百亿建设央视总部也是确保在奥运会期间整个城市和国家都很上镜。尽管大楼的立面在2008年就已经完成，但整个大楼直到2012年才竣工。

大都会建筑事务所尖角的设计理念不是高度，而是考虑了莫比乌斯环结构，这个结构是一个通讯环形结构，充分考虑到央视的实际运行，包括播出节目和放置设备所需的连续空间。根据大都会事务所的说明，大楼是一个相互联系的整体，不是孤立对立的个体，这样有利于增强央视的凝聚力。大楼的设计阐释了电视节目播出的流程就是一系列相互联系活动。当然，这个非同寻常的设计造型使得央视大楼和它所处商业区的其他300多座摩天大楼区别开来。

两座大楼向内相互倾斜，在顶部和底部通过桥梁连接。大楼的高度和宽度差不多。两座大楼，分别有234米和194米，在顶部和底部弯曲成90°，形成的一个连续的管状。电梯和楼梯所在的内部中央核心是垂直的。尽管英国奥雅纳工程顾问公司和大都会建筑事务所想隐藏这个部分，但是考虑到成本只能作罢。这座环形摩天大楼，旁边还有一座低层的服务楼，以及一座31层的电视文化中心，共同占地5 666平方米，都由大都会建筑事务所设计。

雷姆·库哈斯（1944年生）

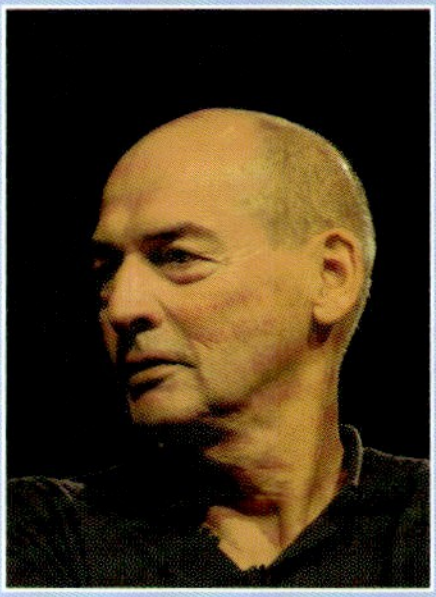

库哈斯的幼年时光是在阿姆斯特丹的战后残迹中度过的。八岁时他搬到印尼。印尼在库哈斯心中是一个“落后的解放”城市，人口密集，文化重合。1978年库哈斯的城市宣言《疯狂纽约》（Delirious New York）发表，从此在国际上声名鹊起。《疯狂纽约》只是他无数富有激情的建筑理念和城市规划理念的一个代表，在他1987年最早的设计作品荷兰国家舞蹈剧院得到了体现。普利兹克奖评委会2000年将普利兹克奖颁给库哈斯，赞扬他“能够在面对看似无解的难题时找到绝妙和新颖的方法，并且可以创造一个自由流畅，强调空间和功能民主建筑结构。”

碎片大厦

THE SHARD

所在地：英国，伦敦

建筑师：伦佐·皮亚诺建筑工作室（RENZO PIANO BUILDING WORKSHOP）

水晶般的碎片大厦是一座“城中城”，魅力十足。大楼的三层玻璃幕墙能够最大限度地利用自然光。

聆听最值得学习，却相当不容易。你需要通过聆听来理解。

——伦佐·皮亚诺，2013年

碎片大厦共规划3家餐厅，其中第一家在2013年开业。除了用餐，食客可以将整个城市一览无余。

碎片大厦周围坐落的建筑包括拥有500年历史环球剧院，伦敦最古老的大教堂萨瑟克大教堂（如图所示），伦敦南岸的泰德现代美术馆。考虑到这些建筑的特殊性，设计碎片大厦考虑到要尽可能减少施工时的地层位移。

伦敦的碎片大厦，让人又爱又恨，从一开始就因为它的建筑规模和地理位置饱受世人诟病。碎片大厦的设计师伦佐·皮亚诺，本打算不去复制传统摩天大楼的高耸形象，最后却成了欧洲大陆上傲视所有其他的建筑的超级摩天大楼。 作为一个垂直城市，碎片大厦以功能分区，28层以下为办公区域，28层以上为餐厅、五星级酒店和豪华公寓。其中的4层拥有观景台，在72层上有一个开放的楼台，可供观赏城市的全景。另一座在建的名叫宫殿（The Palace）的办公大楼，楼高17层，也是伦佐·皮亚诺设计的。

绿地上的小农舍别墅可以说或是最环保的建筑形式。碎片大厦，容纳了10 000名工人，和其他充满浪漫主义色彩的摩天大楼相比，耗能甚少。正如皮亚诺在接受采访时说的，“总有些人要去干脏活，然后说，够了！”摩天大楼已经超出了英国节能的标准。高性能的窗户和三层建筑立面都安装了百叶窗，优化采光，减少太阳热能的吸收。然而，它最为绿色环保的是大楼所处的地理位置。碎片大厦坐落在伦敦桥站上方，直通61座地下车站，通往247个目的地，这象征了建筑和城市的高度衔接，开创了一个少车的未来。开发商和英国铁路网公司有一项协议就是建立一座新的车站。建成之后，将解开一个交通的死节，为萨瑟克区提供更多的发展机会。

很快，喜欢开玩笑的英国人将这座大楼戏谑地叫成“小黄瓜”、“对讲机”、“奶酪磨碎器”，不管是褒义还是贬义，这些称号已成为大楼的标签了。讽刺的是，英国政府领导的历史环境的咨询机构，英国遗产组织还曾经批评过碎片大厦，认为正如其名，大厦就是一些玻璃碎片。除了保护历史古建筑，遗产组织意在通过新建来恢复那些被改变的历史遗迹，而不是去破坏。可问题是，所有的建筑结构都是最新的，已经破坏了现状。这就是城市的本质，尤其是像伦敦这样历史悠久的城市，正在经历着不可避免的改变。

形式上，碎片大厦再次证明了伦敦早期摩天大楼的雄伟气势。放弃了石制材料，从大气本身定义大厦外观，皮亚诺在地中海沿海城市日内瓦长大，经常使用有关海洋的比喻来称呼碎片大厦为“伦敦的灯塔”。这是一个非常恰当的比喻，因为大楼的外观随着天气的变化而改变，有些时候，大厦是一面像刀一样锋利的镜子；有些时候，大厦直插入云，和天空融为一体。大厦顶部逐渐变成一个个分裂的建筑面板，慢慢散开直到视线看不见为止。

麦加皇家钟塔酒店大楼

MAKKAH CLOCK ROYAL TOWER

所在地：沙特阿拉伯，麦加
建筑师：DAR 集团（DAR GROUP）

作为世界第三高建筑，钟塔酒店大楼拥有世界上最大的时钟，时钟有4个面，每个面宽43米。

沙特阿拉伯摧毁了麦加和麦地那无数的圣地和神坛才建成了今天的“拉斯维加斯”。

——奥米德萨菲，2012年

钟塔的4个面都有真主阿拉和复杂的伊斯兰教图形。时钟直径43米，指针长23米，可以算是世界上最大的时钟。一天5次敲钟提醒信徒祷告。钟塔里面是天文研究设备。塔尖是一轮金色的新月，直径23米，里面是一个祷告室。

从大楼的酒店里可以看见克尔白，据说在上帝创造人类之前，天使就建造了克尔白，后来是亚当，再后来阿伯拉罕和以赛玛利重建了克尔白。麦加城只对伊斯兰教信徒开放。

伊斯兰教要求每个有能力的穆斯林在有生之年至少要去麦加朝圣一次。这个古老的朝圣之行，又叫麦加朝圣，每年都有。在朝圣的5～6天里，穆斯林信徒走进大清真寺，围着克尔白绕7圈。1950年，约100 000名信徒完成了朝圣之行。2012年，超过300万信徒完成了朝圣之行。为了满足住宿和娱乐的需求，同时也出于沙特阿拉伯追求多元化经济和发展基础设施的动机，于是在大清真寺建造了麦加皇家钟塔酒店大楼。

中间的7层塔楼建筑是一个76层高的酒店，由费尔蒙酒店集团经营。正如这个沙漠区域所有的建筑一样，钟塔大楼也是以伊斯兰教的圣地大清真寺为中心。钟塔酒店大楼是占地145万平方米的Abraj AL Bait建筑群的一部分，其中还包括6个住宅楼，一个会议中心，一个可以容纳3 800人的祷告厅，以及两个直升机停机坪。这些建筑都位于一个超大的购物中心中，购物中心拥有4 000家商户，Cartier和Topshop大楼的设计都是DAR集团完成的，由沙特Binladin集团开发。Binladin集团一直在国家基础设施建设上发挥着重要作用。

朝圣意味着朝着一个地方出发。对穆斯林来说，这个地方就是麦加。朝觐航站楼（1981年）由SOM建筑事务所的拉赫曼卡恩设计，外形类似于一个帐篷，位于麦加城西部80公里处。麦加地铁2010年建成，每小时运送7 200人到大清真寺。通过这两个地方都可以到达朝觐的圣地。麦加和旁边的另一个圣地麦地那的奢华的商业设施也备受世人的争议，因为很多的历史遗迹和山脉都没破坏。华盛顿的海湾研究所指出，这两座城市95%的历史遗迹，有些甚至是千年古迹，在这20年里被摧毁了。另一些人指出伊斯兰的教义强调简单和平等，尤其是在朝圣期间。可是大清真寺旁边的天价住宿费用背弃了伊斯兰教义。有些人享受着奢侈的空调房，而有些人却只能挤在远处的地上。

ONE WORLD TRADE CENTER

世贸中心一号楼

所在地：美国，纽约

建筑师：SOM建筑事务所（SKIDMORE, OWINGS & MERRILL）

只要大楼的观景台开放，每年有数百万的游客会上到距离地面375米的楼高3层的观景台上观光。

我们希望人们看到它之后说，“多么简单完美的答案！”

——大卫查尔德斯，2006年

世贸中心一号楼的设计理念是减少排放和污染，融合水电能源保护。100%回收雨水，在标准上再减少20%的耗电量，综合利用玻璃结构，最大限度地使用自然光，减少吸热。

24米高的公共大厅上有几个设备层。上面是71层的办公大楼，餐厅，公共观景台，楼顶是由艺术家肯尼斯·斯纳尔森和施莱克·伯格曼公司的结构工程师汉斯肖伯设计的一个斜拉式的塔尖。

世贸中心一号楼，是世贸中心所在地的标志性建筑，按照从底部到塔尖的高度来算，也是西半球最高的建筑。在无数次的重修和推迟至后，世贸中心一号楼变得更安全更完美，也树立了全新的摩天大楼安全标准，同时也证明了纽约人经历挫折之后，能够很快振作起来。

世贸中心的重建过程比任何个人和组织的都要复杂。世贸中心一号楼的主要股东包括该区域的所有者：纽约与新泽西港口事务管理局、大楼开发商、希尔弗斯坦地产公司，以及负责世贸大楼重建监管的曼哈顿下城发展公司。除此之外，还有无数的人参与重建工程，他们或在公务上或在情感上依恋这个地方，其中包括纽约800万的市民。2003年举办了一场盛大的公开选拔活动，经过设计方案、听证会、视屏模拟等活动，最后选择了Daniel Libeskind事务所来负责设计方案。并邀请“建筑大师”在方案内来设计独立的建筑结构，包括一个高541米的摩天大楼，又称自由塔。

自从50年前，大卫洛克菲勒和纳尔逊洛克菲勒就有了建造世贸中心的想法开始，SOM建筑事务所参与了占地面积64 749平方米的世贸中心大楼的设计。大卫查尔德斯——SOM事务所设计咨询合伙人参与设计世贸中心一号楼，2006年开工。2010年，港务局选择了地产公司Durst集团来出租并经营世贸中心一号楼。

查尔德斯的设计方案在受到防恐专家对其安全性做出质疑后做了修改。整个大楼从西街退后以阻止渗透。设计方案经过多次修改之后，20层高的防弹地基最终被肌理玻璃、铝、钢板网覆盖。钢板网可以吸收光线。世贸中心一号楼外形像一个发光的巨大方尖塔。大楼的地基时边长为61米的正方形结构，位于原双子塔旧址。大楼越往上，直角边缘形成倒角，或是沿对角剪切最终使得直角变成了一个8个等腰的三角形。隔热玻璃幕墙可以承受出高空的风力，满足了严苛的安全标准。每个玻璃隔板有4米长，正好是楼层的高度，中间没有任何的竖框，这也是摩天大楼的首创。女儿墙分别有415米和417米高，参照原来双子塔的高度。

“9·11”事件以后，人们对摩天大楼的认识发生了巨大的变化，摩天大楼本身也不得不发生改变，不是指建筑材料而是摩天大楼本身的概念。因此，世贸中心一号楼的设计必须考虑最糟糕的情况。大楼的安防系统超出了纽约的规范要求，包括增强式通讯，高密度的防火设备，每一层配备一个救灾避难区，最优化的消防通道，结构剩余。所有的安防体系，包括升降器，电梯都被安装在一个厚9.1米的混凝土核心内。为了保证防御能力，整个大楼采用混凝土建造，可以承受每平方米64吨的压力。

批评家指出，没有必要在原来的地方再造一个超级摩天大楼。但是另一些人认为，如果不建造一个超级摩天大楼，就像是承认恐怖分子赢了。双方的论点都说明了世贸中心一号楼面临着双重标准：既要显示决心又不能太有存在感。作为曼哈顿天际线的可爱又有力的存在，世贸中心一号楼“使得曼哈顿城区变成了一个不夜城”，港务局局长帕特里克富瓦说道。位于高541米塔尖上的灯塔，散射出的光线，80公里外都可以见到。

上海中心

SHANGHAI TOWER

所在地：中国，上海

建筑师：美国晋思设计公司（GENSLER）

2 073 英尺/632 米

121 层

混凝土、钢铁和玻璃

2014 年竣工

上海中心、金茂大厦和上海环球金融中心是世界上第一组互相邻近的三大超高层建筑。

高效才是真正成功。

——美国晋思设计公司，2013年

6层楼的零售垫楼（地下2层和地上4层）里入驻了高端零售商和餐厅，并与城市轨交相连。

上海中心由内层和外层的双层玻璃墙包裹，以减少风载荷并节约能源。双层玻璃幕墙中间的区域是一个高3.5 ~ 4.5米的中庭，用作设备区或避难区。

鸟瞰图展示了独特的双层玻璃幕墙结构，内部幕墙环绕着环形的核心。外部幕墙像吉他拨片，呈圆角三角形，内外层核心相距0.6 ~ 10米不等。

大楼顶部的风力涡轮机降低了能耗，漏斗型的护栏则将雨水引入蓄水池中。

上海中心、金茂大厦和上海环球金融中心同位于陆家嘴金融中心，构成了世界第一组超高层建筑群。这座旋转式的棱镜建筑四周围绕着公园和公共娱乐设施，体现着摩天大楼的全新设计理念，从它身上，人们或许可以瞥见未来摩天大楼的发展趋势。

一开始，上海就规划了3座摩天大楼，使陆家嘴这个在20年前毫无生机的农村蜕变成了亚洲发展最快的金融中心。世界顶级建筑设计公司美国晋思设计公司于2007年赢得了上海中心的设计权。上海中心的设计不仅强调其高度，也同样重视绿色环保。其设计目标是同时符合LEED黄金认证和中国绿色建筑三星认证。2014年上海中心竣工，已成为中国最高的建筑。

上海中心呈螺旋式上升，圆形的楼身同相邻的黄浦江湾以及另外两座摩天大楼相呼应。晋思公司称上海中心为“垂直城市”，它是一个多功能的摩天大楼，由九个堆叠圆柱体结构构成，每个有12 ~ 15层高，内嵌在混凝土中央核心周围的一个双层的玻璃墙内。

台风是这个地区最大的自然灾害，因此从结构上，上海中心的设计必须承受得了台风和地震的影响。通过风洞实验，晋思设计公司和宋腾汤玛沙帝结构工程公司对上海中心进行了结构优化，减少了24%的风载荷，而半透明的轻盈楼身则降低了建造成本。

上海中心由高性能的玻璃建成，内墙包围着一个圆柱体结构的核心。外部的玻璃墙则从内墙向外以不同长度延展开来，以此创造出大楼柔和的三角形外观。外墙呈120° 顺时针方向旋转上升。独特的旋转设计，加之建筑西面一个连续的凹口，放缓了大厦周身的风流，显著地减轻了楼身的重量。而内墙和外墙共同形成温度缓冲，从而减少自主供暖和降温的需求。楼身以巧妙方式烧结（在不同密度均可使用的一种陶瓷点结构）的玻璃墙可以控制进入大楼的太阳光。

内墙和外墙的中间是一个封闭的中庭，共有9块区域，每一块都覆盖了绿色植被，一方面增加了美感，又有利于空气净化。中庭区域还设有商店和其他设施，假如顾客想去星巴克喝杯咖啡，也不需要走出大楼穿越马路，节约了时间和自然资源。这些公共场所就像露天城市广场一样，营造出一种社区感。大厦的热情友好在地面层也丝毫不减，其中一半空间是开放式的公园；而地下空间又和轨道交通、停车场，以及周边的摩天大楼相连。

公园大道432号

432 PARK AVENUE

所在地：美国，纽约

建筑师：拉斐尔·维诺里建筑师事务所（RAFAEL VIÑOLY ARCHITECTS）

这个薄如刀片的超高层建筑将是西半球最高的住宅楼。它的高度如此惊人，开发商不得不雇用飞行顾问来确定大楼是否会影响飞机在其上飞行。

金钱不嫌多，女人不嫌瘦。

——沃利斯·辛普森，温莎公爵夫人

理查德·伯恩霍尔兹（Richard Berenholtz）在2011年受雇，记录大楼拔地而起的过程，拍摄了一些影像，让人想起刘易斯·海因（Lewis Hine）为帝国大厦拍摄的宏伟图片。

在2006年万豪集团将该地段卖给麦克洛公司时，Macklowe已经拥有包括其相邻地段在内的将近10 684平方米的可用空间所有权，或称未使用开发权。

公园大道432号位于曼哈顿公园大道和第56街道间，将成为美国最高的住宅楼。该楼由纽约拉斐尔·维诺里建筑师事务所设计，并由洛杉矶地产投资商CIM集团和纽约开发商哈里·麦克洛（Harry Macklowe）共同开发。这个12亿的超高层是在建或打算要建的无数新摩天大楼之一，预示着曼哈顿超奢华公寓市场的复苏。这幢84层巨塔的顶楼已经以9 500万美金的价格签合同出售了。这里的总体视角也是极其壮观的。

在2011年开始破土施工的时候，麦克洛和CIM集团在第56、57街和公园大道上都精心安置了建筑用摄影机，便于人们能在最佳位置观看这幢楼的成型。与此同时，他们还雇用了摄影师理查德·伯恩霍尔兹来记录整个项目过程中的施工。理查德曾是一名建筑师。企业形象设计公司dBox也被雇用，来为这种云端生活打造诱人的一瞥。

公园大道432号建于一系列方方正正的基底上，由3米×3米的窗户蜂窝状地包围——视野才是王道。詹姆斯·加德纳在《货真价实》一书中写到，它像艺术家Sol Lewitt创作的概念雕塑。外形流畅雅致的网格状台阶，由更为传统的摩天大楼的地基，通风天井及柱顶的轮廓形成的视觉上的暂停，432号的这种重复传达着一种感觉，它可以更高。与洛克菲勒中心相似，432号同样拥有流线造型的优雅，只不过缺少洛克菲勒中心周围令人满意的建筑物，让洛克菲勒中心看起来没那么高耸。也多亏432号这种简单的网格基底，施工过程相对来说比较简单，进展也很快。

虽然432号塔与天际线还是有一定的距离，它突出的轮廓不会孤立太久。纽约市长迈克尔·布隆伯格和城市规划部已经提议重新规划市中区东部，以求推进最顶级大楼的建造。市中区东部拥有73个街区，围绕着曼哈顿商业中心——纽约中心火车站。此次计划改造东部区域中日益陈旧的建筑，其中80%都已经超过50年之久。即便伦敦的那些历史悠久的高层，平均也不过才43年的历史。反对者认为，高端住宅与可承受成本住宅数量差异日益加大，并且办公楼之间的空间极其窄小，容易产生一种同质性，这也是让其他城市看起来枯燥平庸的因素。虽然饱受争议，还是有许多人热切期盼新的城市规划法则，让街景焕然一新，其他公共设施得到完善，并让这个区域拥有更多超高层建筑。

威尔希尔格兰德大楼

WILSHIRE GRAND TOWER

所在地：美国，加利福尼亚州，洛杉矶
建筑师：AC马丁合伙人公司（AC MARTIN PARTNERS）

宛如初入星城的纯真少女，这个多用途超高层建筑将会配备可控LED照明，为洛杉矶增添更多明星魅力。

1 100英尺/335米

73层

玻璃和钢铁

预计2017年竣工

东西走向，大楼曲线感十足的正面，采光极好。

——大卫·马丁

密西西比州以西最高建筑，这个引人注目的天际线同时象征着韩国的全球经济增长。

AC Martin，一个相传四代的家族公司，对塑造洛杉矶的天际线起到极大作用。1906年阿尔伯特·C·马丁成立该公司，现由大卫·马丁和克里斯托弗·马丁经营。该公司的地标性建筑包括洛杉矶市政厅(1928年)，其曾经在30年期间一直是洛杉矶的最高建筑。

这个混合用途的摩天大楼，特色之一是其37 161平方米的办公空间，以及大量的公共便利设施，包括饭店、商店、户外广场和零售空间。洛杉矶最繁忙的地铁7号线就在其正对面。

PSY的神曲《江南Style》极速飙升至Youtube榜首，而韩国近年来则以更快的速度成为时尚的焦点，通过三星和韩进集团向外输送着全球时尚文化。前者是世界三大最高建筑(包括迪拜的哈利法塔)的建筑者。后者韩进集团旗下的大韩航空早在40多年前就开始提供飞往洛杉矶的航班。自1989年起，韩进就拥有威尔希尔格兰德酒店。2012年，旧酒店被拆除，来建造新的威尔希尔格兰德酒店。2017年开业后，将成为洛杉矶的最高建筑。

这个10亿美元的项目将取代1952年建成的威尔希尔格兰德酒店。为了给新楼腾出空间，旧楼也将选择性拆除，以获得尽可能多的材料，其中包括铜和混凝土骨料，并且安全地移除掉石棉和其他致癌材料。这种拆除大楼的方式是其总体可持续发展计划的一部分，能使建筑物的物化能得到循环利用。物化能即起初制造和搬运建筑材料时所花费的能源。据开发商介绍，新的大楼正在建造之中，建成后使用时将会相当环保，整体能耗会降低，其中水的消耗量将会降低30%。大楼包裹着混凝土心，底部厚1.2米，顶上略窄。支撑框架从中心延伸至25、55和70层。钢管柱与支撑框架结成一体，形成外部框架，支撑着大楼的玻璃覆盖层和窗户，其所使用的玻璃将会减少夜间反射。相比于以前的密闭内部空间，新设计的另一点改进是窗户可控制。洛杉矶的Brandow & Johnston公司和Thornton Tomasetti公司正负责大楼的工程。

AC马丁合伙人公司设计了这座混合用途的摩天大楼。加利福尼亚州南部一些最令人难忘的地标性建筑都是出自这家公司的设计。凭借着巨大的身姿，格兰德酒店将会在瞬间成为天际线上一颗闪亮的新星。除了庞大之外，它标志性的帆船造型也让人难以忘怀——犹如被镁光灯照亮的玻璃皇冠。它是近年来洛杉矶高层建筑中，第一个在顶部没有突然扁平的建筑。其他高层建筑的扁平顶部，虽与好莱坞的魅力丝毫不符，皆是由于1974年颁布的怪异法则。该法则规定，城市中高于23米的建筑必须配备顶楼紧急直升机降落设施。威尔希尔格兰德酒店因配备有顶级的安全设施，就免受此规定的约束。其中最突出的设施是其被混凝土紧紧包裹的电梯井，大大高过防火法则的要求。另外，大楼也提供一条设计巧妙的小通道，可供直升机紧急援救时用。值得注意的是，洛杉矶城中另一个有尖顶的高层建筑就只有洛杉矶市政厅，由AC马丁合伙人公司的创始人设计。

53西街53路

53W53RD

所在地：美国，纽约

建筑师：让·努维尔工作室（ATELIERS JEAN NOUVEL）

市政官员要求，“把顶部修改下”。建筑师照要求，将其大胆的设计砍掉了61米，以达到城市规划的要求。

建筑能让文化瞬间停驻下来。

——让·努维尔

（左图）地处曼哈顿市中心的一个狭窄地段，此楼由稳固而怪异的十字支架支撑。这些支架的角度与整个城市的网格坐标以及周边的现代建筑格格不入。为了符合曼哈顿的建筑物退缩尺度要求，大楼高处会呈现一定的坡度。

（右图）地下餐厅的顶部为玻璃，走在其上，人们能够看到大楼的底部，许多大型的混凝土柱子将底下的空间一分为二。

很显然，普利兹克奖得主让·努维尔自小就是电影迷。他的作品就是不断展开的故事，很像电影中的叙事方式，在光与影的不断变换中展开，零星出现着熟悉的演员身影，即窗外的风景和周边的建筑。同样，在53西街53路的设计中，也体现出这种独特新颖的品位和变化莫测且诱人的光线分布。曾被命名为玻璃之塔，这个凹凸不平的条状建筑物将在曼哈顿市中心拔地而起。

自20世纪70年代执业以来，努维尔就以新颖的方式去解决很多传统的建筑学问题。他的风格独特，无法简单归类，他也明显地避免了寻常建筑千篇一律，绕开了现代主义担心的问题。相反，他意识到，由于材料和技术在不断改进，不可能造出永恒不过时的建筑，因而他设计的建筑就意在为所处的时代和地点提供一个快照。另一个让人难忘的特点，就是努维尔所称的“奇迹的审美”，即在光与物质的相互作用下，让两者皆遁于无形。不是专注于物质，亦不是侧重一种缥缈的概念，努维尔则是不断在这两个极端间跳跃。他的作品不断地出入物质领域：一方面看起来体积巨大无比，也许下一秒看起来就仅仅是根细长到几乎无法感觉到的细丝。

一系列不规则角度的交叉支撑架构成了这座大楼的玻璃正面。这绝非只是卖弄技巧，这种外部支撑体系保证了内部宽广的空间，并且几乎没有支撑的柱子。紧接着的第二层，由格子木架组成，除了安置通风系统之外，更进一步地美化了正面。大楼华丽的外形，让人想起一些早期摩天大楼奔放外向的表达方式，如芝加哥的约翰·汉考克中心和香港的中国银行大楼。

地处纽约现代艺术博物馆西边，大楼将提供更多的高档公寓，并给博物馆提供额外的展览空间。2007年，努维尔赢得了一个比赛，得以设计此塔。大赛是由总部位于休斯敦的开发商海因斯公司和金融集团高盛主办。海因斯，像那个时候其他开发商一样，积极地寻求著名建筑师，以求设计出一个地标性建筑。努维尔的设计最初高381米，足以媲美帝国大厦，然而受到纽约市规划部门的反对，以致项目停滞不前。2011年，纽约市通过了新的方案，允许建造比原先大楼低61米的建筑。在撰写本文时，还没破土动工。

让·努维尔（生于1945年）

20世纪80年代，努维尔通过他的作品巴黎阿拉伯世界研究所（1981 ~ 1987年）一举成名。此后，这个2008年普利兹克建筑奖获奖者设计了数百个大楼。他的成名，不仅仅是得益于他特别的风格，更多还是因为他对创造性尝试的热情。

在欧洲，努维尔的重要作品包括：卡地亚当代艺术基金会（1994年），凯布朗利博物馆（2006年），这两者都在巴黎；巴塞罗那的阿格拔塔（2005年）；法国南特的法院（2000年）；卢塞恩文化会议中心（2000年）；里昂歌剧院（1993年）。美国项目包括：明尼阿波利斯，格思里剧院（2006年）；纽约，100第十一大道塔（2010年）；布鲁克林，简的旋转木马展馆（2011年）。努维尔的新摩天大楼，无论是已建成或正在建设中，都在澳大利亚、塞浦路斯、卡塔尔和西班牙均有分布。2013年，开始在阿布扎比为萨迪亚特岛文化区建造隶属于卢浮宫的博物馆。

法尔塔

PHARE TOWER

所在地：法国，巴黎

建筑师：墨菲西斯建筑师事务所（MORPHOSIS）

984英尺/300米

68层

玻璃和钢铁

预计2017年竣工

这样的摩天大楼一直以来都被规划为「垂直都市」，集合了办公室、公共区域、花园和交通，促进了人与人之间的互动，提高了生活品质。

梅恩的方式让人想起机器时代对于人与社会的流动性的推崇，以及由此而生的杰作——巴黎里昂火车站和纽约中央火车站。

——尼古拉·奥罗索夫《纽约时报》，2006年12月4日

该大楼向拉德芳斯区的两个地标性建筑致敬：一个是皮埃尔·奈尔维的拱形顶建筑CNIT大楼，建于1958年，是该区的第一个摩天大楼；另一个是1989年建造的凯旋门。

除了曾经备受争议，现在却深受喜爱的埃菲尔铁塔，建筑法规一直以来不允许在巴黎建超高层。然而，随着法尔塔（又称灯塔）的到来，局面必将打破。此楼由普利兹克奖得主汤姆·梅恩设计、尤尼百·洛当科集团出资建筑，旨在容纳10 000名办公文员，定于2017年完工。

法尔塔将建于巴黎的拉德芳斯区。该区位于巴黎历史中心以西3.2公里，是巴黎的商务区域。该楼的建造是扩建计划的一部分，旨在使拉德芳斯更有活力，与其他欧洲金融区相比更有竞争力。梅恩打造的大楼融合并且利用了该地区密集的地貌，满是办公楼、道路和地铁。

法尔塔充满创意的结构起到了连接功能，让上下、内外及新旧的界限看起来不那么明显。人们可以在其内部公共区域流畅移动，并且沉浸在各种各样的文化和商业体验之中。该大楼进一步将人的移动和结构性社会流动这个概念推广下去，内部包含一个地铁站，顶部已被移除，现出底下的列车和交通。法尔塔与毗邻的CNIT会议中心由一个建筑物连接，该建筑物中设有玻璃外壁的自动扶梯，可以在运载游客到将近20层之上的法尔塔大厅的同时，一览古城巴黎。犹如空中巨大的广场，这个大厅是法尔塔中垂直分布的众多公共空间之一。快速电梯将建筑面积最大限度地优化，并使得工作人员能有更多交谈的机会。

法尔塔的外形和朝向与太阳的轨迹相呼应。大楼南面由两层外皮包裹，外层为玻璃，里层则是穿孔的钢板，这样可以限制夏季的热量和光线。相反，大楼的北面设计则尽量优化全年的自然采光。顶部状如尖顶皇冠，布有天线和风力涡轮机，均采用最顶尖的技术，为整栋楼的通风和制冷提供清洁能源。

这种拟人型的大楼与梅恩以往棱角分明的代表设计不同。在这里，他追求的是一种看似不断变化的“流畅性、感官性、柔软性”。一些人将法尔塔闪闪发光的外层比作一种奢侈面料，时而隐约遮挡，时而外露出这座城市的传奇时尚感。正如他的朋友开玩笑说道，“汤姆，你已经找到性感所在了。”另外，梅恩设计的这个大楼的丰满外形，像极了阿尔·卡普笔下的漫画角色——肥如球形、可爱无比的什穆。可以确定的是，梅恩设计的法尔塔，拥有骨感的结构，独特的美感，将与埃菲尔铁塔相媲美。

汤姆·梅恩（生于1944年）

理论家、作家、教师和建筑师，汤姆·梅恩是墨菲西斯建筑师事务所的负责人。该事务所的工作范畴跨越不同学科，位于洛杉矶。梅恩从哈佛大学拿到建筑学学位之后，协助建立了南加利福尼亚州建筑学院。他特立独行，坚持将建筑原汁原味地表达出来。他的作品注重细节、结构严谨，却呈现出一种混乱的印象，这使得他在国际上获得了认可。他的作品包括：位于洛杉矶的，钻石牧场高中和加利福尼亚州交通运输局第七区总部；在俄勒冈州尤金市的，韦恩·莱曼·莫尔斯美国联邦法院；位于首尔的太阳塔；纽约库珀联盟学院的Nerken工程学校；辛辛那提大学的学生休闲中心。他获得了2005年的普利兹克奖。

上海中心（2014年）、上海环球金融中心（2008年）和金茂大厦（1999年）是世界上第一组三大超高层建筑，均由美国建筑公司设计，在中国首席金融中心上海拔地而起。

中国建筑的崛起

中国不断拔高的天际线，受以下因素影响：城市化进程的驱动、社会和环境的考虑、中央政党对于建筑的绝对控制权，普通大众对于理想生活方式的观念以及快速发展的建筑施工。迪拜和吉达在品牌营销推动下，势必会出现很多极高层建筑，而中国的情况却不是这样。在城市化进程中，预期未来10年将有4亿多中国人挤入城市中。所以，不夸张地说，城市只能往上发展了。

为了将普通的高层建筑与极高层建筑区分开来，摩天大楼高度方面的权威部门——高层建筑和都市住宅委员会规定，超过300米的大楼为超高层，超过600米的大楼为巨高层。按照这样的规定，结合中国的迅猛发展，可以想见：到2017年，中国将建成80多

天府是位于成都郊区的卫星城，由阿德里安·史密斯+戈登·吉尔建筑事务所总体规划，城中过半空间用于开放、绿化，能容纳80 000人。据设计，这座城市能在环保上起到很大作用。与相似人口容量的城市相比，天府能减少48%的能耗，58%的水耗，89%的垃圾和60%的碳排放。

科恩·佩德森·福克斯总体规划了梅溪湖，一个位于长沙外围的密集新兴城市，内有各种建筑类型，人口大约700万。在城市中央，众多摩天大楼环绕着一个人工湖，向外延伸着几个水道，供船行驶到8个邻近的建筑群，每个均能容纳10 000人。

长城始建于公元前3世纪，一直持续到17世纪，总长约21 196千米。它实际上包括许多部分，并且融合了许多天然屏障，如河流和山脊。长城曾经保护中国不受外来者侵犯，保存其文化，拥有着无与伦比的象征、文化及历史价值。它无时无刻不让人想起中国人的能力、勤劳和决心，这些品质恰恰也是完成这些大型建筑项目所必需的。

个超高层建筑，并有几十个还在设计规划中。

在2008年北京奥运会期间，中国在世界建筑舞台上首次登场。当时中国邀请了众多国际知名的建筑师来设计一些旨在成功吸引眼球、充满想象力的建筑，包括：雷姆·库哈斯为中央电视台设计的环状的央视总部；赫尔佐格和德梅隆的奥林匹克体育场，一个有质感的圆形建筑，昵称为“鸟巢”；诺曼·福斯特设计的位于北京首都国际机场，闪亮诱人的航站楼。在过去的20年间，中国已经引进了西方建筑事务所中的有天分的设计师，其中包括斯基德莫尔、奥因斯&梅里尔建筑师事务所（SOM）。世界上最高的12座建筑里，有6座出自该事务所。它掌握了建造超高层所需的精湛技巧。其他事务所也在设计超高层，包括阿德里安·史密斯+戈登·吉尔建筑事务所（AS+ GG）和科恩·佩德森·福克斯（KPF）建筑事务所。这些环保先进的设计正在由大型工程公司施工，如奥雅纳、宋腾·添玛沙帝、霍尔沃森及韦纳·索贝克，他们建造的大楼不仅有较高的风载荷，并且能抵挡该地区的地震和台风。

如资本主义国家对商品、服务和建造高层建筑充满热情一样，中国人同时也挤进城市，在这里能赚得比乡下多。相应地，政府也重新开始建造新城市。在未来的10年里，中国将花费约600万美元在基础设施上，其中包括在10个城市里建造摩天大楼，每个城市都和纽约差不多大小。随着中国快速转型而来的还有毁灭性的污染，使得大城市每天都笼罩在灰色的雾霾中。此外，街坊、村庄都在整个整个地被夷为平地，上一代人的过往大部分都已被抹去了。

中国正处于一个特殊的时代，此时人们对于环境和摩天大楼的态度都在急剧变化，因此基础设施建设热潮重新定义大楼和城市的设计。全国范围内的绿色建筑运动比比皆是。摩天大楼以及附近的摩天大楼组成的城市，被设想为与自然和谐发展的密集垂直城市，同时也刺激了高端环保科技的发展，以便减少、储存并制造能源，例如由AS+GG和KPF建筑事务所设计的大师之作。值得注意的是，在设计上，这些新的大楼将与公共交通项目协作，大大地降低汽车污染，并将大楼与远方城市的其他大楼联系起来。

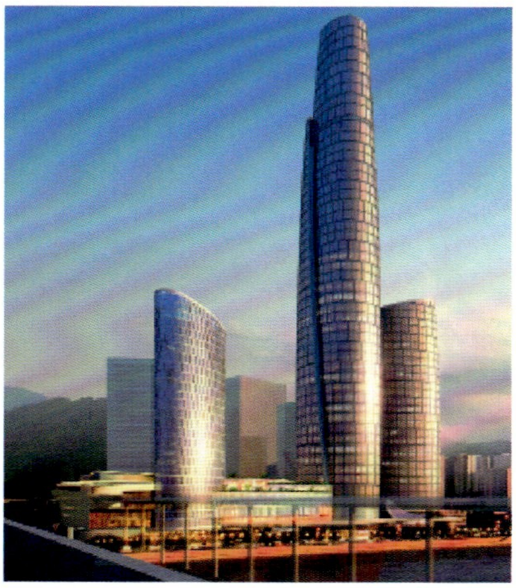

重庆金融街。该项目计划在重庆金融区建造7个摩天大楼，中间穿插着绿化带。这些多用途的高楼，全身玻璃构造，外表相似，组成一个都市整体，正如设计师科恩·佩德森·福克斯所说：“在这里，你会觉得像置身于世界上其他摩天大楼之中。”

王澍与妻子陆文宇一起设计的垂直院宅，是由6幢26层高的大楼组成，位于杭州。王澍的设计受到中国传统文化的启迪，向城市化进程提出了质疑，正是由于这种风格，他获得了2012年的普利兹克奖——建筑界的最高荣誉。

王国塔

KINGDOM TOWER

所在地：沙特阿拉伯，吉达

建筑师：阿德里安·史密斯+戈登·吉尔建筑事务所（ADRIAN SMITH+GORDON GILL ARCHITECTURE）

将是世界上最高的建筑，原本要建停机坪，但在那个高度上飞行员拒绝降落。最后的设计是，它将成为世界上最高的观景台。

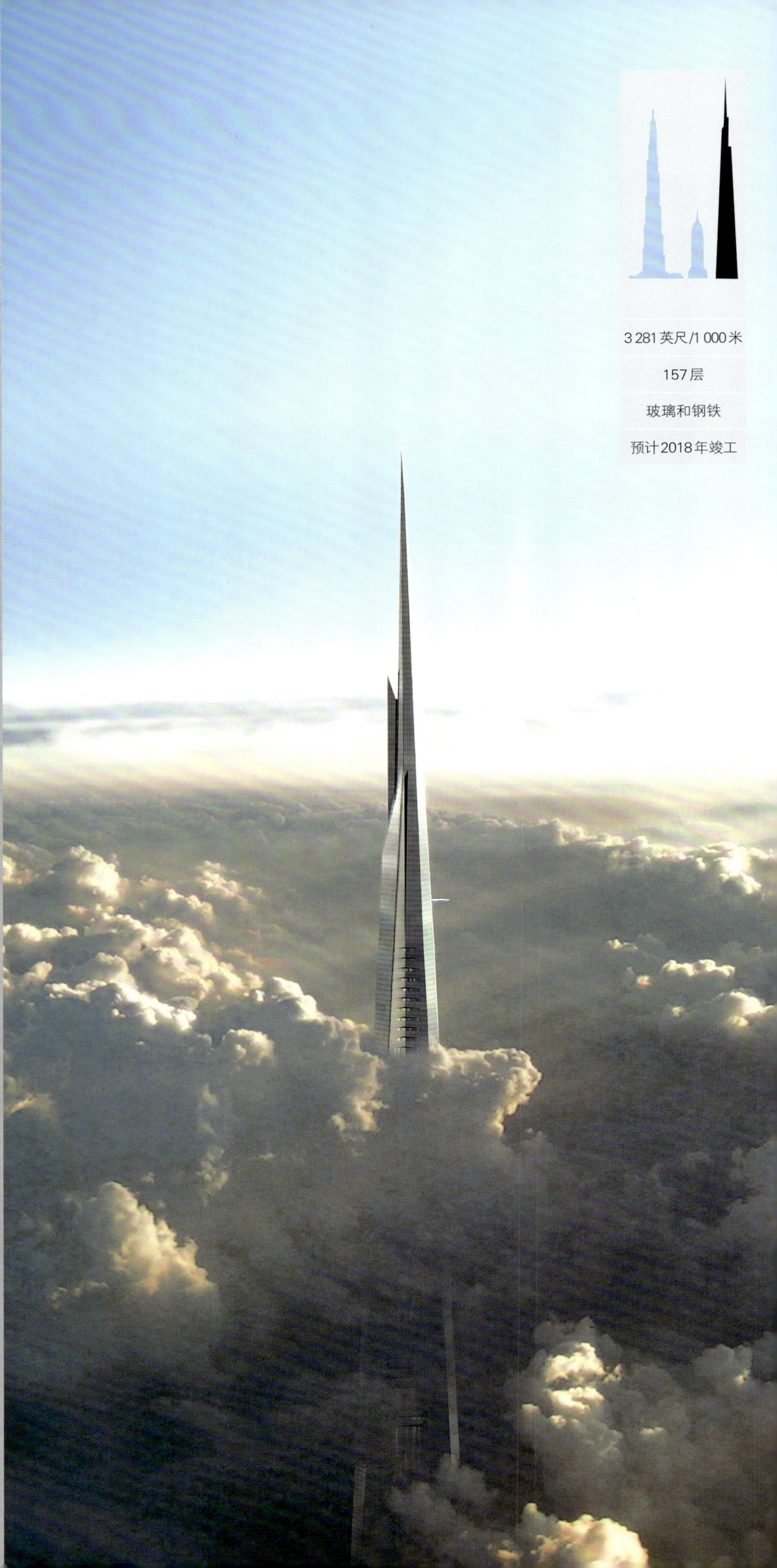

3 281 英尺/1 000 米

157 层

玻璃和钢铁

预计2018年竣工

王国塔的设计是强大建筑体系的印证，充分利用其一脉相承的设计、技术策略，并将这些策略精炼改进到新的高度。

——阿德里安·史密斯+戈登·吉尔建筑事务所

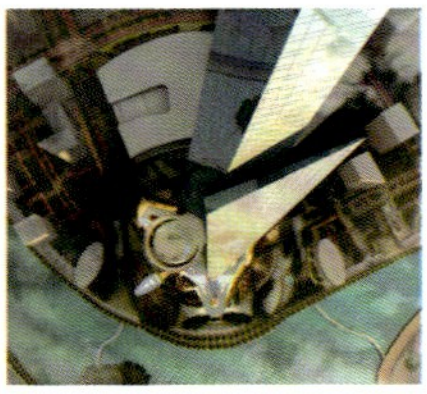

（左上图）大楼酒店的顶篷遮盖式入口，办公空间和豪华公寓。

（右上图）外表光滑而诱人，大楼许多最顶级的方面，能够带动市场需求。

（左下图）原本设计成直升机停机坪，这个处在157层的圆形天台将成为世界上最高的观景台。在施工期间，它将用作暂存区域，以便建造大楼的上部楼层。

（右下图）地基的设计要求桩要深入地下50 ~ 70米。然而地下到处都是蓄水层，这就要求地桩要小心安放。

位于沙特阿拉伯吉达市的王国塔将第一个达到并超越现存世界最高大楼的记录。这个混合用途的大楼，高度超过1 000米，现在正在吉达的红海港口边建造。和哈利法塔一样，此楼也是出自建筑师阿德里安·史密斯之手。哈利法塔是阿德里安当年在SOM建筑事务所时设计的。王国塔的最终高度还是个秘密，只知道会比它同在迪拜的瘦高身材的表兄——哈利法塔，至少高出173米。

这座水晶般的大楼由阿德里安·史密斯+戈登·吉尔建筑事务所和DAR集团共同设计，宋腾添玛沙帝公司和环境系统设计公司共同制造，沙特宾拉登集团施工建造，吉达经济公司开发。其中很多工作人员都曾经参与过哈利法塔的建造过程，并将之前学到的关于形状、结构及外表的知识经验应用在这个新巨人身上。

王国塔视觉上给人留下了深刻印象，它反映了沙特阿拉伯作为阿拉伯国家最大的经济体，想要拓宽其除石油以外的经济类型的打算。在外形上，犹如沙漠植物重叠的复叶，发芽之时，随着往上生长，再慢慢分开。这种流线型的侧影预示着融合现代科技的经济新发展。设计理论植根于传统建筑学，外形相当前卫，大楼的设计吸取了在科技、建筑材料、使用寿命及节能方面的新思路。

与哈利法塔一样，王国塔的楼面也是Y字形。然而，哈利法塔是阶梯设计，而新的大楼则是往上逐渐变细。在哈利法塔的建造过程中，由于退缩尺度、伸臂桁架和转换的问题，减缓了施工进程。与哈利法塔不同，王国塔的造型包括三个倾斜的平面，每一个倾斜的角度都稍微不同，这样每个平面到达顶端的高度也不一样。这种设计符合空气动力学，能减少由于风的涡旋分离而产生的结构载荷。另外，这种三面的设计能形成一些有特色的V形缺口，从而制造出一块块的阴影；大楼上处于这些阴影之下的部分能够不受阳光直射，能设计成户外阳台，提供令人叹为观止的美景，并且不受到风吹。AS+GG公司这样设计阳台的位置，能给包裹着高性能玻璃的大楼正面，带来一种抽象的特质。

整个阿拉伯世界都在迅速现代化，动用众多富有国际盛名的建筑设计师参与其扩大基础设施建设，并在形成文化特色的过程中。吉达不乏标志性建筑，造型独特的现代建筑也是组成那座城市精致而又有历史底蕴的建筑之一，包括：弗雷奥托的阿卜杜勒阿齐兹国王大学体育中心（1976 ~ 1979年），麦加朝圣航站楼（1981年）和国家商业银行（1983年）——后两者是由SOM公司设计。然而，王国塔建成后将会立即给这座城市带来又一个地标性建筑，地处通往伊斯兰教圣地麦加的主要通道上。

王国塔团队里很多成员，都像阿德里安·史密斯一样来自芝加哥。毫无疑问，他们会经常看到芝加哥建筑师和城市规划师丹尼尔·彭汉的不朽名言，“不要做小计划，它们没有令人热血沸腾的魔力。”这句话经常在芝加哥城里的广告牌、海报和节目单上出现。阿德里安他们也将这句话铭记于心，做出大计划，并且是最大的那种，但并不会忽视那些关乎结构特点和使用寿命的小细节。

直入云霄

空中公园是由中国设计师徐婷和陈一鸣为北京提出的概念摩天大楼。空中公园是eVolo 2013摩天大楼设计大赛的获奖作品，由顶部一个巨大的氦气球带动和下方的太阳能推进器共同托起。雨水收集器为居住者提供过滤雨水。

惊人的高度总是能立即将一个地方置于地图之上。因此,利用知名度高的建筑物作为自我推广的手段,也越来越迅猛地普及开来。在过去的20年里,作为一种建筑类型,摩天大厦得到了显著发展,它代表的已不仅仅是国家自豪感或建筑学上的自负吹嘘。许多人相信,在全球范围涌现的摩天大楼预示着未来迅猛改变的开端。随着更多人挤入城市,加上环境问题,人们不得不重视将高楼作为一种实现新都市模式的途径。先进的电脑建模程序,面对恐怖主义时,社会对于安全问题的担忧,高强度新型复合材料的获得以及建筑师和工程师的更密切合作,这些因素都促成了摩天大楼外表上的改变。又一次,摩天大楼取回了在天际线上生机勃勃的地位,激发着大众的想象力。

天际线上的匆匆一瞥,就能证实这些新摩天大楼动感造型的天分是两方面原因造就的。国际市场上对于标志性建筑的需求给了建筑师一个实现他们奇思异想的宽广舞台。在这些金钱与艺术灵感的结合中,没有任何想法是极端的。这种对标志性的痴迷可以追溯到菲利普·约翰逊在纽约的美国电话电报公司大厦(1984年)。这是第一个设计之初就想要一举成名的摩天大楼。另一个是弗兰克·盖里的毕尔巴鄂古根海姆博物馆(1997年),这个位于西班牙的摩天大楼证实了标志性建筑能够带来利益。第二个原因是电脑建模程序让建筑师和工程师得以解放,结果就有以前从未出现的造型,在垂直面上和水平面上变形、盘旋、扭曲。像扎哈·哈迪德这些建筑师正在设计出一些城市有机体,在不断深入天际的同时,也不断向侧边融合进周围城市。

与此同时,设计师从绘图笔中的解放,导致了设计有种视觉上的平面感、枯燥感和二维感,都透露出大楼出自电脑建模。而使用这种电脑建模程序的设计师似乎也意识到,他们的作品将会像照片那样,主要带给人们一种二维的体验。这种平面感与新的都市中心形成的速度有关,这些中心似乎是一夜之间出现,与我们对于城市的神圣理解相悖。在我们看来,城市作为一个独立实体,应该是在数十年,甚至是数百年的缓慢变化中形成。阿德里安·史密斯,作为巨高层大楼的设计大师之一,对于这些新兴都市的发展持保留意见。也许城市本身的形象也处于变化之中。

开发商们都在寻求杰出的建筑师来打造地标性建筑,此时探讨外国人是否能够理解那些异国文化已经变得没有意义了。尽管只有时间才能告诉我们,台北101大厦或哈利法塔能否成为当地的精神象征,但是值得注意的是,伍尔沃斯和芝加哥论坛报大楼这两

阿特金斯认为,灯塔这个66层高的办公楼是迪拜国际金融中心的地标建筑,并且也是低碳排放项目的鼻祖。这个设计整合了3个风力涡轮机,南面4 000个光伏板及很多能源和水源的替代策略。

扎哈·哈迪德设计的长沙梅溪湖国际文化艺术中心，位于中国长沙。这个建筑又一次将城市想象成有机生命体，无论在纵向还是横向上，都能融入周围的环境。

座商业化了的哥特式教堂，尽管已分别成为纽约和芝加哥的地标，却完全没有中世纪欧洲的感觉。正如塞萨尔·佩里所说，如果埃菲尔铁塔建在伦敦而不是巴黎，它能代表英国的一切吗？一个地方当时的社会环境不再与它的历史有密不可分的关系。实际上，在北京和上海这样的城市，几乎大部分地方都被拆除来建造新的大楼，几乎没有多少古老的建筑，也就不需要考虑和它们融合的问题了。自上新世以来，如今的碳含量比之前的任何时候都要高，摩天大楼需要面对这个比历史和商业更根本的问题。需要考虑的新因素，则是当地的风景本身，而需要考虑的关系，是与气候条件、地形和所处地的地质条件的关系。

传统的公式：人口密度大+地价贵=高楼，已经不再驱动摩天大厦的建造了。在迪拜，这点是最明显的，除了钱和建造高楼的动力之外就只有——借一位建筑师的话来讲——“满地的荒芜”。正如双子塔成功地让吉隆坡在地图上被人注意到，现在世界最高楼——哈利法塔让它所在的小阿拉伯酋长国备受瞩目。不过，即使是史诗之作哈利法塔也将黯然失色，因为在沙特吉达市，王国塔已经破土动工了。相比之下，在中国，摩天大楼正以一种令人麻木的速度建造起来，这也是中国采取资本主义模式及追求都市化过程所需要的。一英里（约1 609米）高的摩天大楼已不再是梦了，而是一个方案，在等待足够富有的顾客出现罢了。

继“9·11”事件纽约的双子塔遭到恐怖袭击之后，超高层的建造一度暂停，后又以同样强劲势头继续。要说有什么改变的话，恐怖袭击似乎进一步刺激了全球范围对高度的欲望。曼哈顿摩天大楼博物馆主任卡罗尔·威利斯提到，在“9·11”事件后，对摩天大楼的认知有了改变，以前它代表着私人投资利益，现在人们对于这种建筑类型有了一种集体认同，并开始痴迷于天际线。摩天大楼未来的出路依赖于提高人们对于安全措施重要性的认识。加入保障生命安全的措施，比如，为保障逃生电梯和楼梯而设计的结实的中心结构，生化空气过滤器，每层楼上设置的避难区域及结构上的精简，而这些都影响着设计和建造。

如果说光线是建筑物的必备条件，那么玻璃是光线最妩媚的代表。自19世纪50年代，生产完整大块的玻璃开始成为可能，用玻璃包裹建筑物的外表就开始成为主流，摩天大楼更是如此。“9·11”事件发生之后，建筑外表使用有反射性的、菱形透明的覆盖层比以往任何时候都受欢迎。正因为玻璃具有一种矛盾的特质，划分界限的同时，又能够消除隔阂，将它使用在摩天大楼上，能使大楼傲然挺立于天际之时，又似融于天际。从哲学上来讲，摩天大楼的这种反射性的特点，能够表达一种超然轻盈的存在感，以及面对未来不可知不可控的力量时，仍然能充满希望。

在中东和中国，那种能做、坚决要做的态度进一步拓宽了建筑方法。修长的哈利法塔采用了一种相对传统的方式，以尖顶作为这个庞然大物的封顶，并且地基为三脚架型，能有效地分散重力的作用，并减轻风力。相比之下，上海中心大厦，作为目前中国最高的建筑，它柔软圆润的轮廓能在很大程度上减轻风荷载并降低施工成本。

尽管天际线上这些摩天大楼看似桀骜不驯、放任自流，最好的设计却并不是随心所欲的。它们包含了建筑评论家布莱尔·卡明的理念——“合理化表现”，即造型上熟练的技艺取决于大楼所处的地点，所用的材料以及人们的实际使用情况。这种方法并不陌生，与理查德·罗杰斯和诺曼·福斯特所倡导的良知心理一起，在很多大楼的设计上都有体现。福斯特事务所的作品将这种理念推新并使之成为经典，证明了体现生态道德的设计也能很优雅。他们将这种造型上的表达根植于全球环保意识上。

路易斯·沙利文，通常被称为摩天大楼之父，因他的那句名言“形式服从功能”而闻名，不过他也声称“每个建筑都是一种社会行为”，道出了建筑的伦理作用。 如今，这种伦理作用与环境影响密不可分。

LEED（领先能源与环境设计）是一个自发的、以市场为导向的评价系统，对建筑的环保作用提供第三方的认证。2000年成立至今，LEED虽然也受到批评，不过已经是全球范围内衡量建筑对环境影响的权威。2007年，美国建筑师学院将它的道德准则扩大，加入了一条新教条，“对环境负责”，这包含了可持续发展的所有方面。

所有事物之间皆存在一种精巧的联系，和相互依存性，是对环境负责的关键。而成功将这种相互依存性考虑进来，对于那些极高的建筑来说，尤其具有挑战性，因为摩天大楼的身份的成立，首先是要独立于环境，傲立于其他建筑中间，这也是它们最重要的特点。在给居住者提供阳光、新鲜空气和花园的同时，新的摩天大楼正在寻求减少自身能耗的方法，虽然无法做到完全消除。不过，讽刺的是，摩天大楼的克星——风，连同太阳能和地热条件一起，都能被利用来制造能源。全球的建筑政策都在改变，强制性要求绿色建筑。随着都市人口激增，高楼正在被重塑，以最明智的方式来使用土地，增强人们之间联系的愉悦感，并且能减少用于交通运输上的能耗。

越来越多的高楼正被看作有环保意识的垂直生

梦露大厦（2012年），位于多伦多郊区，由MAD建筑事务所设计，证明了摩天大楼不是只出现在大城市。

阿德里安·史密斯＋戈登·吉尔建筑事务所将为阿拉伯联合酋长国马斯达尔市设计总部大楼。马斯达尔市位于阿布达比，是一座新建的零碳零废物城市，由福斯特事务所总体规划。他们的设计里会融入一些环保上的创新，能生成并储存能源。马斯达尔市已在筹备阶段，旨在提供最高品质的生活，在兼顾商业可行性的同时，尽可能减少对环境的影响。

水滨城市(Waterfront City)施工已经开始。它由OMA公司设计，位于迪拜和阿布达比边界，是一个能容纳150万居民的新城市。城中的特色之一，是一个巨型44层圆形建筑，上有圆形凹处，让人想起18世纪建筑师伊托尼·路易·布雷的有象征意义的完美造型。也让人想起乔治·卢卡斯为星球大战系列电影打造的、能够摧毁行星的空间站——死星。

态系统。近来已经完工或正在施工中的项目也将实现这种新兴的自然视角，当作建筑的终极目标。斯基德莫尔、奥因斯和梅里尔公司设计的珠江大厦，位于中国广州，是第一个能够自己生产能源的摩天大楼，尽管对阿德里安·史密斯最初零碳排放的设计还是做出了修改。在曼哈顿市中心的布莱恩特公园里，由COOKFOX建筑事务所设计的美国银行大厦，是第一个拿到LEED白金认证的商业高层。该认证代表了可持续发展的最高级别。中国台北101大厦，在2004年建成之时，是当时世界最高的楼，在历时三年之久的改造后，也在2011年获得了LEED白金认证，向我们展示了绿色科技的进步以及正在被采纳。威利斯(西尔斯)大厦在建成时，能耗还不是一个极其紧迫的问题，如今，阿德里安·史密斯+戈登·吉尔建筑事务所正打算对其进行改造。而芝加哥在努力成为美国绿化最好的城市时，也将对城市里最显眼的建筑进行翻新和改造。

建筑结构本身也被用来改善生活品质。伦佐·皮亚诺建筑工作室的纽约时报大楼(2007年)，透过从底楼到天花板之间的玻璃墙，就能清晰地看到亮红色的楼梯间。这种设计能促使居住者多走楼梯，少用电梯。同样地，在东京银座，株式会社日建设计公司为生产音乐器材的雅马哈公司设计了旗舰大楼。这个摩天大楼正面是切分的玻璃图案，内部楼梯间，能在脚踩下时，发出音乐声。 新研究表明，情感隔绝，也即孤独感，致死率和吸烟同样高。为此，建筑师们越来越多地将花园式的大厅融入设计之中，一来可以净化空气，二者也可以为人们的聚集、互动提供场所。福斯特事务所的对策是空旷、倾斜的门厅，能让人们在工作期间见到彼此，这样标志性的解决方案有香港和上海汇丰银行大楼、圣玛丽斧街30号以及柏林国会大厦的扩建部分。

摩天大楼被重塑为城市中千变万化的鲜活的有机生命体，因此它的外部形态也同样千变万化。2012年，由扎哈·哈迪德建筑事务所设计的长沙梅溪湖文化艺术中心首开先河。这幢多重结构建筑群将3幢独立的建筑结构交织在一起。突破创新的另一个例子是一对塔形建筑——梦露大厦(2012年)。该大

福斯特事务所设计的柏林国会大厦延伸部分的露天门厅。这种设计便于人与人的见面，促进了沟通。

厦位于多伦多郊区的密西西比市，是由一家北京的MAD公司设计。因为该塔形住宅楼似少女般旋转的身躯般迷人的外形，就仿佛“被连续不断的阳台包裹着”，完全颠覆了垂直的传统概念，所以被当地人戏称为“玛丽莲·梦露”。

2006年，国际建筑设计杂志《eVolo》设立了年度摩天大楼设计竞赛，以此表彰“最杰出的垂直生活理念”。自此，杂志社已经收到了5 000余份探索摩天大楼未知领域的设计稿。美国建筑师德里克·皮罗奇在2013年凭借其设计作品“极地伞摩天大楼”获胜。极地伞摩天大楼外形是一幢巨大的带有遮盖的摩天大楼，能减少极地表面的热量吸收，并吸收太阳能。由中国设计师许霆、陈奕名设计的“漂浮摩天大楼”，描绘的是一幢漂浮在陆地上的摩天大楼，因为在中心轴上安装了氢气球和太阳能螺旋桨，所以城市能漂浮起来，同时在空间下方预留了宝贵的绿地和娱乐空间。

城镇化快速发展，比起郊区，精英人士更希望在城市寻找居住空间，但他们既希望能为生活注入新能量，却又不希望只是做一个被动的租客。塔形建筑的使用方式以及功能越来越多样化，而飞速的城镇化进程又驱动这一多样性进一步发展。这种多用途的塔形建筑是自给自足的社区，能满足居住人群全天候的需求和需要。纵观历史，大学建筑群一般是一堆建筑物围绕在高耸的宿舍楼四周，但是现在即使是大学校舍也可以是矗立在城市中的摩天大楼，满足对便捷的交通以及更加富裕和都市环境的需求。近几年日本有两个例子：位于东京的Mode Gakuen（2008年），因为其表面被包裹因而被称为“蚕茧大厦”。这幢50层楼的大学校舍是由Tange Associates事务所设计的。3层楼高的前室不仅为学生们提供了聚会的场所，而且视野开阔。而由日本株式会社日建设计公司设计的Mode学园螺旋塔楼（2008年）高36层，塔内容纳了3所学院——时尚、计算机科学以及医药，而且地理位置十分优越，交通十分便捷。

虽然由于2008年的全球金融危机而导致摩天大楼的建造速度也有所减缓，但是所有现象都表明摩天大楼的发展仍在与日俱增。截至2013年，全球共有约500幢高于200米的高楼在建造中，包括103幢超高层（即高度高于300米的建筑）以及四幢超级高楼（即高度高于600米的建筑）。鉴于世界各地快速发展的城镇化进程，未来对高密度的基础设施的需求必定只增不减。

弗兰克·盖里2011年的作品《纽约》，又称“云杉街8号”，是他第一个摩天大楼作品。目前，它是曼哈顿最高的住宅大楼。大楼的不锈钢表层是由成千上万个独立的板组成，彰显了自己的个性。

世界最高的100座摩天大楼

100 TALLEST BUILDINGS

测量高度从建筑物正门的人行道水平面到建筑结构顶端。电视塔天线桅杆，无线电天线和旗杆不计入高度。数据来自2013年伊利诺伊州芝加哥市的高层建筑与城市人居署理事会位于伊利诺伊理工大学的由工程师，建筑师和城市规划的专业人士组成的国际性组织。

排名	建筑名	所在地	高度米/英尺	层数	竣工年份
1.	哈利法塔	迪拜，阿联酋	828 / 2 717	162	2010
2.	上海中心	上海，中国	632 / 2 073	121	2014
3.	麦加皇家钟塔酒店大楼	麦加，沙特阿拉伯	601 / 1 972	120	2012
4.	平安金融中心	深圳，中国	600 / 1 969	115	2015
5.	高银金融117大厦	天津，中国	597 / 1 957	117	2015
6.	乐天世界大厦	首尔，韩国	556 / 1 801	123	2015
7.	世界贸易中心一号大楼	纽约，美国	541 / 1 776	104	2014
8.	中国尊	北京，中国	528 / 1 732	108	2016
9.	釜山乐天塔	釜山，韩国	510 / 1 673	107	2016
10.	台北101大厦	台北，中国	509 / 1 671	101	2004
11.	上海环球金融中心	上海，中国	492 / 1 614	101	2008
12.	环球贸易广场	香港，中国	484 / 1 588	108	2010
13.	重庆世贸中心	重庆，中国	468 / 1 535	99	2016
13.	天津富力广东大厦	天津，中国	468 / 1 535	91	2016
15.	武汉天地A1塔	武汉，中国	460 / 1 509	82	2016
16.	苏州国际金融中心	苏州，中国	452 / 1 483	92	2016
16.	国家石油公司双塔大楼一号	吉隆坡，马来西亚	452 / 1 483	88	1998
16.	国家石油公司双塔大楼二号	吉隆坡，马来西亚	452 / 1 483	88	1998
19.	紫峰大厦	南京，中国	450 / 1 476	66	2010
20.	威利斯大厦	芝加哥，美国	442 / 1 451	108	1974
21.	世界第一大厦	孟买，印度	442 / 1 450	117	2015
22.	京基100大厦	深圳，中国	442 / 1 449	100	2011
23.	广州国际金融中心	广州，中国	439 / 1 439	103	2010
24.	武汉中心	武汉，中国	438 / 1 437	88	2015
25.	海湾101大厦	迪拜，阿联酋	432 / 1 417	101	2014
26.	公园大道432号	纽约，美国	426 / 1 397	84	2015
27.	特朗普国际大厦酒店	芝加哥，美国	423 / 1 389	92	2009
28.	金茂大厦	上海，中国	420 / 1 380	88	1999
29.	公主塔	迪拜，阿联酋	413 / 1 356	101	2012
30.	阿尔哈姆拉塔	科威特城，科威特	413 / 1 353	80	2011
31.	国际金融中心二期	香港，中国	412 / 1 351	88	2003
32.	南京奥体苏宁广场	南京，中国	400 / 1 312	90	2016
33.	海湾23号大厦	迪拜，阿联酋	393 / 1 288	90	2012
34.	中信广场	广州，中国	390 / 1 280	80	1996
35.	资本市场监管局总部大厦	利雅得，沙特阿拉伯	385 / 1 263	77	2014
36.	信兴广场	深圳，中国	384 / 1 260	69	1996
37.	大连裕景中心塔	大连，中国	383 / 1 257	80	2014
38.	领域大厦	阿布扎比，阿联酋	381 / 1 250	88	2013
38.	帝国大厦	纽约，美国	381 / 1 250	102	1930
40.	精英公寓塔楼	迪拜，阿联酋	380 / 1 248	87	2012
41.	金地岗厦一期	深圳，中国	375 / 1 230	~ 78	2016
42.	中环广场	香港，中国	374 / 1 226	78	1992
43.	拉马尔塔一期	吉达，沙特阿拉伯	372 / 1 220	87	2014
43.	欧贝罗伊绿洲住宅大楼	孟买，印度	372 / 1 220	82	2015
45.	阿德里斯	迪拜，阿联酋	370 / 1 214	72	2015
46.	香港中银大厦	香港，中国	367 / 1 205	72	1990
47.	美国银行大厦	纽约，美国	366 / 1 200	55	2009
48.	大连国际贸易大厦	大连，中国	365 / 1 199	86	2015
49.	越南工商贸易银行商务中心大厦	河内，越南	363 / 1 191	68	2016
50.	沃斯托克塔	莫斯科，俄罗斯	360 / 1 181	93	2014

排名	建　筑　名	所　在　地	高度米 / 英尺	层　数	竣工年份
50.	阿勒玛斯大楼	迪拜，阿联酋	360 / 1 181	68	2008
50.	广晟国际大厦	广州，中国	360 / 1 181	60	2012
53.	马奎斯JW万豪酒店一期	迪拜，阿联酋	355 / 1 166	82	2012
53.	马奎斯JW万豪酒店二期	迪拜，阿联酋	355 / 1 166	82	2013
55.	阿联酋大厦一期	迪拜，阿联酋	355 / 1 163	54	2000
56.	市府恒隆广场	沈阳，中国	351 / 1 150	68	2015
57.	东帝士大楼	高雄，中国	348 / 1 140	85	1997
58.	怡安中心	芝加哥，美国	346 / 1 136	83	1973
59.	中环广场	香港，中国	346 / 1 135	73	1998
60.	约翰 · 汉考克大厦	芝加哥，美国	344 / 1 127	100	1969
61.	国家石油公司总部大楼	阿布扎比，阿联酋	342 / 1 122	76	2014
61.	艾哈迈德 · 阿卜杜勒 · 拉希姆 · 阿尔 · 阿塔尔大厦	迪拜，阿联酋	342 / 1 122	76	2014
63.	厦门国际中心	厦门，中国	340 / 1 115	81	2016
64.	九龙仓国金中心	无锡，中国	339 / 1 112	68	2015
64.	重庆环球金融中心	重庆，中国	339 / 1 112	73	2013
66.	水银城市大厦	莫斯科，俄罗斯	339 / 1 111	75	2013
67.	天津四季酒店	天津，中国	338 / 1 109	65	2015
68.	兰冠大厦A座	孟买，印度	337 / 1 105	75	2015
68.	兰冠大厦B座	孟买，印度	337 / 1 105	75	2015
68.	兰冠大厦C座	孟买，印度	337 / 1 105	75	2015
68.	天津环球金融中心	天津，中国	337 / 1 105	75	2011
68.	火炬大厦	迪拜，阿联酋	337 / 1 105	79	2011
73.	京南河内地标大厦	河内，越南	336 / 1 102	70	2012
74.	沃克塔	莫斯科，俄罗斯	336 / 1 101	91	2015
75.	达马克公寓	迪拜，阿联酋	335 / 1 099	86	2016
76.	世茂国际广场	上海，中国	333 / 1 093	60	2006
77.	天津嘉里中心	天津，中国	333 / 1 092	72	2015
77.	瑞汉金玫瑰罗塔纳酒店	迪拜，阿联酋	333 / 1 092	71	2007
77.	中国储能大厦	深圳，中国	333 / 1 092	~ 71	2016
80.	现代传媒中心	常州，中国	332 / 1 089	57	2013
81.	民生银行大厦	武汉，中国	331 / 1 086	68	2008
82.	平壤饭店	平壤，朝鲜	330 / 1 082	105	2013
82.	科威特之门	科威特城，科威特	330 / 1 082	80	2015
82.	国贸写字楼	北京，中国	330 / 1 082	74	2010
82.	镇江苏宁广场	镇江，中国	330 / 1 082	77	2016
86.	汉国城市商业中心	深圳，中国	329 / 1 080	80	2015
87.	龙希国际大酒店	无锡，中国	328 / 1 076	74	2011
87.	阿尔雅各布大厦	迪拜，阿联酋	328 / 1 076	69	2013
87.	南京世界贸易中心	南京，中国	328 / 1 076	69	2015
87.	无锡苏宁广场	无锡，中国	328 / 1 076	68	2014
87.	无和国际中心	重庆，中国	328 / 1 076	62	2016
92.	指数大厦	迪拜，阿联酋	326 / 1 069	80	2010
93.	兰德马克大厦	阿布扎比，阿联酋	324 / 1 063	72	2013
93.	德基广场二期	南京，中国	324 / 1 063	62	2013
95.	烟台世茂海湾一号	烟台，中国	323 / 1 059	59	2013
96.	Q1大楼	黄金海岸，澳大利亚	323 / 1 058	78	2005
97.	温州世贸中心大厦	温州，中国	322 / 1 056	68	2011
98.	阿拉伯塔（帆船酒店）	迪拜，阿联酋	321 / 1 053	56	1999
99.	如心广场	香港，中国	320 / 1 051	80	2006
100.	白玉兰广场一期	上海，中国	320 / 1 048	66	2015

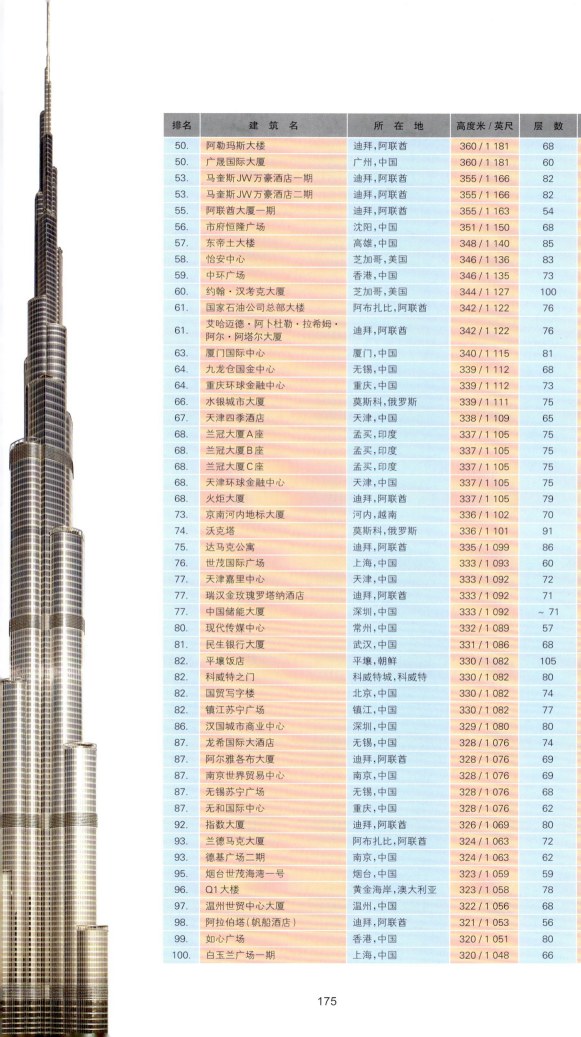

IMAGE SOURCES 图片来源

case: Architect Daniel Noguera Bertran **p.1:** Stuart Monk/Shutterstock.com; **p.2:** MQ Naufal/Shutterstock.com; **p.4:** Fuyu Liu/Shutterstock.com; **p.6:** ChungKing/Shutterstock.com; **p.8:** Adrian Smith + Gordon Gill Architecture; **p.9:** (l, br) Adrian Smith + Gordon Gill Architecture, (tr) Skidmore, Owings & Merrill; **p. 10:** Adrian Smith + Gordon Gill Architecture; **p.11:** Adrian Smith + Gordon Gill Architecture; **p.12:** phuketphotos951/Shutterstock.com; **p.13:** (tl) S. Borisov/Shutterstock.com, (bl) Mark Yarchoan/Shutterstock.com, (tr) WitR/Shutterstock.com, (br) Sumikophoto/Shutterstock.com; **p.14:** (cl) Chicago Historical Society, (b) Library of Congress; **p.16:** (t) Library of Congress, (b) Judith Dupré; **p.17:** WDG Photo/Shutterstock.com; **p.18:** (tr) Chun-Tso Lin/Shutterstock.com, (b) Joachim Köhler/Wiki; **p.19:** Patrick Ciebilski; **p.20:** (tr) Library of Congress, HABS/HAER, Perry E. and Myra Borchers, (b) Library of Congress; **p.21:** Library of Congress; **p.22:** (cl) Chicago Historical Society, (cr) Library of Congress, (b) Daderot; **p.23:** J. Crocker; **p.24:** (c, bl) Library of Congress, (br) Museum of the City of New York; **p.25:** stable/Shutterstock.com; **p.26:** (cl) Susan Law Cain/Shutterstock.com, (b) Library of Congress; **p.27:** C. Taylor Cruthers/Gallery Stock; **p.28:** (cl) Library of Congress, (cr) Carol M. Highsmith/Library of Congress; **p.29:** David Guija/Emporis; **p.30:** (cl, cr) Library of Congress, (b) Judith Dupré; **p.31:** Christoffer Hansen Vika/Shutterstock.com; **p.32:** Stuart Monk/Shutterstock.com; **p.33:** row 1: (l) Library of Congress Geography and Map Division, (cl) Library of Congress, (cr) SongquanDeng/Shutterstock.com, (r) Library of Congress, row 2: (l) SeanPavonePhoto/Shutterstock.com, (cr) Phillip Capper, (r) Susan Law Cain/Shutterstock.com, row 3: (cr) Norbert Nagel, (r) Jean Christophe Benoist, row 4: (l) Shutterstock.com, (cl) David Shankbone, (r) Daniel Schwen, row 5: (l) Peter Knif/Shutterstock.com, (cl) Robert paul van beets/Shutterstock.com, (cr) Leonard Zhukovsky/Shutterstock.com, (r) FEMA Michael Rieger, row 6: (l) David Berkowitz, (cl) Anton Oparin/Shutterstock.com, (cr) Eric Kilby; **p.34:** (bl) Museum of the City of New York, (br) Vitali Ogorodnikov/Emporis; **p.35:** John W. Cahill/Emporis; **p.36:** (cl) Underwood Photo Archives, (cr) Bettmann/CORBIS, (b) Library of Congress; **p.37:** spirit of america/Shutterstock.com; **p.38:** (c) Library of Congress, (bl) Ernest Sisto/New York Times Pictures, (br) Encore Editions; **p.39:** Cedric Webber/Shutterstock.com; **p.40:** (cl) Peeterv/istockphoto.com, (cr) Rockefeller Center, The Rockefeller Group, Inc, (b) Richard Cavalleri/Shutterstock.com; **p.41:** alexpro9500/Shutterstock.com; **p.42:** (cl) Skidmore, Owings &Merrill, (cr) Otis Elevator Co./Skidmore, Owings &Merrill, (b) Skidmore, Owings &Merrill; **p.43:** Skidmore, Owings &Merrill © Florian Holzherr; **p.44:** (cl) Aluminum Company of America, (cr) Robert Pernell/Shutterstock.com, (b) Ben Weaver; **p.45:** Artefaqs; **p.46:** (l) Collection of Price Tower Arts Center, Gift of Phillips Petroleum Company; **p.47:** Jeff Millies © Hedrich Blessing; **p.48:** (cl) Four Seasons, (cr) Jeremy Atherton; **p.49:** Ezra Stoller/Etso; **p.50:** (c) allesandro0770/Shutterstock.com, (b) Marco Vagnini, Marcoingegno Design Studio, Rome; **p.51:** Federico Rostagno/Shutterstock.com; **p.52:** ARTEKI/Shutterstock.com; **p.53:** (cl) Municipal Archives, Department of Records and Information Services City of New York, (tr) Foster + Partners, (br) Tractel Swingstage; **p.55:** Ed Yourdon; **p.56:** (cr) joingate/Shutterstock.com, (b) O. Palsson; **p.57:** Lissandra Melo/Shutterstock.com; **p.58:** (c) Keith Binns/istockphoto.com, (b) Steve Geer/istockphoto.com; **p.59:** Henryk Sadura/Shutterstock.com; **p.60:** (c) Lissandra Melo/Shutterstock.com, (br) Julio Yeste/Shutterstock.com; **p.61:** gary718/Shutterstock.com; **p.62:** (c) Jemmy/Shutterstock.com, (br) Carol M. Highsmith/Library of Congress; **p.63:** Carol M. Highsmith/Library of Congress; **p.64:** (cl) dbabbage/istockphoto.com, (cr) robert paul van beets/Shutterstock.com; **p.65:** SongquanDeng/Shutterstock.com; **p.66:** (tc, bc) Skidmore, Owings &Merrill, (br) Adrian Smith + Gordon Gill Architecture; **p.67:** Carol M. Highsmith/Library of Congress; **p.68:** (cl) Samuel Borges, (cr) jiwangkun/Shutterstock.com, (b) col/Shutterstock.com; **pg.69:** 2265524729/Shutterstock.com; **p.70:** (cl) Alexandre Georges, Westin Peachtree Plaza Collection, The Portman Archives, (cr) Ryan Cramer; **p.71:** Michael Portman, Westin Peachtree Plaza Collection, The Portman Archives; **p.72:** Agnieszka Lobodzinska/Shutterstock.com; **p.74:** (l) KlingStubbins; **p.75:** Christopher Penler/Shutterstock.com; **p.76:** (l) Steve Geer/istockphoto.com; **p.77:** Kohn Pedersen Fox Associates; **p.78:** (c) Skidmore, Owings & Merrill © Jay Langlois/Owens Corning Fiberglass, (bl) Skidmore, Owings & Merrill, (br) Wolfgang Hoyt/Esto; **pg.80:** (c) Scott Murphy/Emporis, (b) RoryRory; **p.81:** David Shankbone; **p.82:** Bill Pierce/Getty Images; **p.83:** (cl) Sylvain Leprovost; **p.84:** (c) S. Borisov/Shutterstock.com, (bl) Mastering Microsoft/Shutterstock.com, (br) Johnson/Burgee Architects; **p.85:** Brandon Seidel/Shutterstock.com; **p.86:** (cl) Brandon Seidel/Shutterstock.com, (cr, b) Pei Cobb Freed & Partners; **p.87:** dszc/istockphoto.com; **p.88:** (cl) SeanPavonePhoto/Shutterstock.com, (cr) David Guija/Emporis; **p.89:** Techtonic Photo/Emporis; **p.90:** (c) oksana.perkins/Shutterstock.com, (bl) Mailer_diablo, (br) Petegar/istockphoto.com; **p.91:** Manamana/Shutterstock.com; **p.92:** (c) samxmeg/istockphoto.com, (bl) Foster + Partners, (br) Chungking/Shutterstock.com; **p.93:** Ian Lambot; **p.94:** (c, bl) Hijjas Kasturi Associates, (br) Ijansempoi/Shutterstock.com; **p.95:** Hijjas Kasturi Associates; **p.96:** Derek Pirozzi/eVolo Skyscraper Competition; **p.97:** (tr) DAM, Hagen Stier, (br) Lebbeus Woods; **p.98:** (c) spirit of America/Shutterstock.com, (bl) Alonso Reyes; **p.99:** Gerry Boughan/Shutterstock.com; **p.100:** (b) MesseFrankfurt; **p.101:** Jo Chambers/Shutterstock.com; **p.102:** (cl) Ilia Torlin/Shutterstock.com; **p.103:** Duamiu/Shutterstock.com; **p.104:** (l) Judith Dupré, (r) Wiiii; **p.105:** SeanPavonePhoto/Shutterstock.com; **p.106:** (cl, cr) Kohn Pedersen Fox Associates, (b) Volker Rauch/Shutterstock.com; **p.107:** Mylius/Wikipedia; **p.108:** (cr) SeanPavonePhoto/Shutterstock.com; **p.109:** Ko.Yo/Shutterstock.com; **p.110:** (cl) Christiane Portzamparc, (b) nb Etienne; **p.111:** Atelier Christian de Portzamparc; **p.112:** (cl) Pelli Clarke Pelli Architects, (cr) Zulhazmi Zabri/Shutterstock.com, (b) Pelli Clarke Pelli Architects/Marianne Bernstein; **p.113:** Zeamonkey Images/Shutterstock.com; **p.114:** (c) Adrian Smith + Gordon Gill Architecture, (bl) keko64/Shutterstock.com, (br) feiyuezhangjie/Shutterstock.com; **p.115:** tamir niv/Shutterstock.com; **p.116:** Emaar Properties; **p.117:** (t, br) Nakheel Properties, (cl) Atkins, (bl) Adrian Smith + Gordon Gill Architecture, (cr) JW Marriott Marquis; **p.118:** (cl) Atkins, (bl) hainaultphoto/Shutterstock.com, (br) Fatseyeva/Shutterstock.com; **p.119:** Sergii Figurnyi/Shutterstock.com; **p.120:** (cl) Rawls Frazier, (cr) CSLD/Shutterstock.com, (b) Renzo Piano Building Workshop; **p.121:** Antoine Beyeler/Shutterstock.com; **p.122:** (cl) Foster + Partners, (cr) AurÇlien Guichard, (b) David Iliff. License: CC-BY-SA 3.0; **p.123:** franckreporter/istockphoto.com; **p.124:** (cl) Alvinku/Shutterstock.com, (cr) Jeffrey Liao/Shutterstock.com, (bl, br) Alton Thompson; **p.125:** Christopher Ko/Shutterstockcom; **p.126:** (tl) Ole Jais, (tr, c) Santiago Calatrava, (b) July Store/Shutterstock.com; **p.127:** SecondShot/Shutterstock.com; **p.128:** (c) Shanghai World Financial Center Observatory, (bl) TonyV3112/Shutterstock.com, (br) ArtisticPhoto/Shutterstock.com; **p.129:** zhu difeng/Shutterstock.com; **p.130** (cl) Gage Skidmore, (cr) Skidmore, Owings & Merrill, (b) Trump International Hotel & Tower Chicago; **p.131:** Skidmore, Owings & Merrill; **p.132:** (cl) Steve Hall © Hedrich Blessing/Studio Gang Architects, (cr) Andrea Pop/Shutterstock.com, (b) Sally Ryan Photography; **p.133:** Steve Hall © Hedrich Blessing/Studio Gang Architects; **p.134:** (cl) Tim Green, (cr) Kohn Pedersen Fox Associates/Nacasa & Partners, (b) Kohn Pedersen Fox Associates/Tim Griffith; **p.135:** Jim Bowen; **p.136:** COOKFOX Architects; **p.137:** COOKFOX Architects; **p.138:** Adrian Smith + Gordon Gill Architecture; **p.139:** (cl) H.G. Esch, (b) COOKFOX Architects, (trc) Skidmore, Owings & Merrill, (tr) Adrian Smith + Gordon Gill Architecture, (cr) FXFOWLE Architects; **p.140:** (c) McKay Savage, (b) Stanislav Bokach/Shutterstock.com; **p.141:** lexan/Shutterstock.com; **p.142:** (cl, bl) testing/Shutterstock.com, (cr, br) TonyV3112/Shutterstock.com; **p.143:** rosenburn3Dstudio/Shutterstock.com; **p.144:** (c) olavs/Shutterstock.com, (b) Dmitry Tonkonog; **p.145:** Vladislav Gajic/Shutterstock.com; **p.146:** Fairmont Hotels & Resorts; **p.147:** Fairmont Hotels & Resorts; **p.148:** Port Authority of New York and New Jersey and the Durst Organization; **p.149:** Getty Images; **p.150:** Gensler; **p.151:** Gensler; **p.152:** (c) Richard Berenholtz, (b) Macklowe Properties; **p.153:** Macklowe Properties; **p.154:** (c, bl) Andreas Praefcke, (br) AC Martin, Rendering by Squared Design Lab; **p.155:** AC Martin; **p.156:** Ateliers Jean Nouvel; **p.157:** Ateliers Jean Nouvel; **p.158:** (c) Morphosis, (b) Rniner Zetti; **p.159:** Morphosis; **p.160:** Gensler; **p.161:** (tl) Hung Chung Chih/Shutterstock.com, (cl) Kohn Pedersen Fox Associates, (tr) Adrian Smith + Gordon Gill Architecture, (cr) Lu Wenyu, (br) Kohn Pedersen Fox Associates; **p.162:** Adrian Smith + Gordon Gill Architecture: **p.163:** Adrian Smith + Gordon Gill Architecture; **p.164:** Ting Xu and Yiming Chen/eVolo Skyscraper Competition; **p.165:** (l) Atkins, (r) Zaha Hadid; **p.166:** (l) Howard Sandler/Shutterstock.com, (b) Adrian Smith + Gordon Gill Architecture; **p.167:** (t) OMA, (bl) Judith Dupré

补充资料

ADDITIONAL RESOURCES

Ali, Mir M. *Catalyst for Skyscraper Revolution: Lynn S. Beedle: A Legend in His Lifetime.* Chicago: Council on Tall Buildings and Urban Habitat, 2004.

Asher, Kate. *The Heights: Anatomy of a Skyscraper.* New York: Penguin Press, 2011.

Bascomb, Neal. *Higher: A Historic Race to the Sky and Making of a City.* New York: Broadway,2004.

Beaver, Robyn, ed. *Architecture of Adrian Smith, SOM: Toward a Sustainable Future.* Mulgrave, Australia: Images Publishing Group, 2007.

Beedle, Lynn S., ed. *Second Century of the Skyscraper.* New York: Van Nostrand Reinhold, 1988.

Binder, Georges. *101 of the World's Tallest Buildings.* Mulgrave, Australia: Images Publishing Group, 2007.

______. *Tall Buildings of Europe, the Middle East and Africa.* Mulgrave, Australia: Images Publishing Group, 2006.

Blake, Peter. *The Master Builders.* New York: Alfred A. Knopf, 1966.

Bluestone, Daniel. *Constructing Chicago.* New Haven, CT: Yale University Press, 1991.

Breeze, Carla. *New York Deco.* New York: Rizzoli,1993.

Cahan, Richard. *They All Fall Down.* Washington, DC: National Trust for Historic Preservation, 1994.

Campi, Mario. *Skyscrapers—An Urban Type.* Basel,Switzerland: Birkhauser, 2000.

Coe, Michael D. *The Maya.* New York: Thames & Hudson, 1980.

Collins, George R. *Visionary Drawings of Architecture and Planning.* Cambridge, MA: MIT Press, 1979.

Condit, Carl. *The Chicago School of Architecture.* Chicago: University of Chicago Press, 1964.

Ferriss, Hugh. *The Metropolis of Tomorrow.* New York: I. Washburn, 1929.

Frampton, Kenneth. *Modern Architecture: A Critical History.* London: Thames & Hudson, 1985.
Goettsch Partners: The Master Architect Series. Mulgrave, Australia: Images Publishing, 2003.

Goldberger, Paul. *The City Observed.* New York: Vintage Books, 1979.

______. *The Skyscraper.* New York: Alfred A. Knopf, 1981.

Higginbotham, Adam. *"Life at the Top." The New Yorker,* Feb. 4, 2013.

Huxtable, Ada Louise. *The Tall Building Artistically Reconsidered.* New York: Pantheon,1984.

Jacobs, Jane. *The Death and Life of Great American Cities.* New York: Vintage Books, 1961.

James, Warren A., ed. *Kohn Pedersen Fox: Architecture and Urbanism.* New York: Rizzoli, 1993.

Jencks, Charles. *The Iconic Building.* New York: Rizzoli, 2005.

______. *Skyscrapers-Skyprickers-Skycities.* New York: Rizzoli, 1980.

Jordy, William. *American Buildings and Their Architects. Vols. III and IV.* Garden City, NY: Anchor Press, 1972, 1976.

Kamin, Blair. *Terror and Wonder: Architecture in a Tumultuous Age.* Chicago: University of Chicago Press, 2010.

Koolhaas, Rem. *Delirious New York.* New York: Monacelli Press, 1994.

Kostof, Spiro. *A History of Architecture.* New York: Oxford University Press, 1985.

Krinsky, Carol Herselle. *Gordon Bunshaft of Skidmore, Owings & Merrill.* New York: Architectural History Foundation, 1988.

______. *Rockefeller Center.* New York: Oxford University Press, 1973.

Lambert, Phyllis. *Building Seagram.* New Haven, CT: Yale University Press, 2013.

Lepik, Andres. *Skyscrapers.* Munich: Prestel Publishing, 2005.

Lewis, Hilary, and John O'Connor. *Philip Johnson: The Architect in His Own Words.* New York: Rizzoli, 1994.

Mierop, Caroline. *Skyscrapers Higher and Higher.* Paris: Norma Editions, 1995.

Nordenson, Guy, and Terence Riley. *Tall Buildings.* New York: Museum of Modern Art, 2003.

Okrent, Daniel. *Great Fortune: The Epic of Rockefeller Center.* New York: Viking Penguin, 2003.

Parker David and Antony Wood, eds. *The Tall Buildings Reference Book.* New York: Routledge, 2013.

Robinson, Cervin, and Rosemarie Haag Bletter. *Skyscraper Style: Art Deco New York.* New York: Oxford University Press, 1975.

Sabbagh, Karl. *Skyscraper: The Making of a Building.* New York: Penguin, 1990.

Scully, Vincent. *Modern Architecture.* New York: George Braziller, 1975.

Scuri, Piera. *Late-Twentieth-Century Skyscrapers.* New York: Van Nostrand Reinhold, 1990.

Stern, Robert A. M., David Fishman, and Jacob Tilove. *New York 2000.* New York: Monacelli Press, 2006.

Stern, Robert A. M. *New York 1930: Architecture and Urbanism between the Two World Wars.* New York: Rizzoli, 1995.

Stern, Robert A.M., Thomas Mellins, and David Fishman. *New York 1960: Architecture of Urbanism between the Second World War and the Bicentennial.* New York: Monacelli Press, 1995.

Tauranac, John. *The Empire State Building: The Making of a Landmark.* New York: Scribner, 1995.

Weisman, Winston. *The Rise of an American Architecture.* New York: Praeger and the Metropolitan Museum of Art, 1970.

Wells, Matthew. *Skyscrapers: Structure and Design.* New Haven, CT: Yale University Press, 2005.

Willis, Carol. *Form Follows Finance.* New York: Princeton Architectural Press, 1995.

Wiseman, Carter. *The Architecture of I. M. Pei.* London: Thames & Hudson, 1990.

Zukowsky, John, and Martha Thorne. *Skyscrapers: The New Millennium.* Munich: Prestel Publishing, 2000.

更多网站信息

Columbia University, The Architecture and Development of New York City with Andrew S. Dolkart: **www. nycarchitecture.columbia.edu**
The evolution of Manhattan's structures, from tenements to skyscrapers.

Council on Tall Buildings and Urban Habitat: **www.ctbuh.org**
Gathering spot for enthusiasts and the top authorities on all aspects of the planning, design, and construction of tall buildings. The CTBUH sets the standards for which tall buildings are measured and ranked.

Emporis: **www.emporis.com**
A comprehensive collection of building databases and images. Users and companies are able to supply information for their own cities and projects.

eVolo: **www.evolo.us**
An international journal of architecture and design that sponsors an annual Skyscraper Competition, featuring designs from skyscrapers' future frontiers.

Project Rebirth: **www.projectrebirth.org**
Using fourteen time-lapse cameras, a minute-by-minute chronicle of the redevelopment of the World Trade Center site from 2002 through 2009.

Retrofit Chicago Commercial Buildings Initiative: **www.retrofitchicagocbi.org**
Information on accelerating energy efficiency of commercial properties larger than 200,000 square feet.

Skyscraper City: **www.skyscrapercity.com**
International news and forum discussion of skyscraper developments.

SkyscraperPage: **www.skyscraperpage.com**
An excellent collection of tall building diagrams contributed by users and a discussion forum.

Structurae: **en.structurae.de**
Searchable database of information and images of 62,000+ works of structural engineering and architecture.

World Architecture News: **www.worldarchitecturenews.com**
News articles on global architectural developments.

鸣谢

ACKNOWLEDGMENTS

这本书及其前作的完成得益于许多人。我很荣幸能够得到阿德里安·史密斯的建议，我感谢他的慷慨智慧、温文尔雅，也感谢戈登·吉尔的博闻强识、热情支持。而为本书第一版提供导语访谈的菲利普·约翰逊与我情同手足，他的友谊和大胆创新将是我永远美好的回忆。

我多年的旅伴泰德·古德曼为本书提供了专业研究支持和索引。感谢珍妮玛丽·达尼协助参与了本书的参考研究，感谢凯西·达利积极不懈地为本书文本进行更新。“高层建筑委员会”和“城市居民”数据库的编辑马歇尔·格洛梅塔对超高层建筑所知甚多，他亲切地贡献了自己的智慧与热情。

世界各地读过《摩天大楼》初版的建筑师、工程师和摄影师们，都怀着美好的愿望为修订版提供了帮助，带来了不同的乐趣。感谢各位的慷慨相助。我的每一本书都有赖于在国会图书馆的《美国历史建筑调查》和《美国工程历史记录》中负责记录国家建筑宝藏的每一位人士的伟大付出；我向你们致敬。

修订一本付梓近20年的书籍绝非易事。对于有机会斟酌年轻时代的自己过于成熟的文字，我感到十分感激；而从这些文字中，我也感受到一个作家在朝巨大的梦想迈出第一步时的惊奇。《摩天大楼》为我打开了一扇重要的门，对此，我向Black Dog & Leventhal出版社对我发出著书邀请的J·P·利文撒尔，以及Workman Publishing负责书籍推广的彼德·沃克曼表示诚挚的谢意。我十分感激Black Dog & Leventhal的全体编辑和制作人员，尤其是认真地为本书的完成进行统筹的黛娜·邓恩编辑和负责出版协调的帕特拉·斯希特。此外，我同样感谢Bonnie Siegler以及Eight and a Half为本书进行重新设计的全体人员，包括安德鲁·詹姆斯·卡佩里、布赖恩·拉威利、克里斯汀·任、安东尼·祖科夫斯基，以及露西·安德森。

我的儿子Bredan和Emmet始终是我灵感的源泉。我将本书献给出生于《摩天大楼》初版两周后的Emmet。如同这本书籍所赞美的大厦一样，他一直在优雅而茁壮地向着天际成长。

此外还有许多人士与我共享了知识经验和资源。对于下列为本书和之前做出贡献的人士和机构，我表示感激：Atkins; William F. Baker, Skidmore, Owings & Merrill; Gretchen Bank; Mary Beth Betts, New York Historical Society; Georges Binder, Buildings & Data; Patricia Campbell; Chicago Historical Society; COOKFOX; Council on Tall Buildings and Urban Habitat; Paolo Consentini, Canadian Center for Architecture; Robert Clark Corrente; Nivine William, Emaar Properties; Emery Roth & Sons; Thomas Finnegan; Foster + Partners; Jeanne Gang, Studio Gang Architects; David Guynes, National Park Service; Barbara Hall, Hagley Museum and Library; Zaha Hadid Architects; T. Gunny Harboe; Karsten Harries; Angela Hijjas, Hijjas Kasturi Associates; John Hancock Company; Robin Holland; Pamela Horn; Jaros Baum & Bolles; Barbara Kasten; Edward Keegan, Skidmore, Owings & Merrill, Chicago; KlingStubbins; Elizabeth Kubany, EHKPR; Matthew J. Makes, Turner International; Laurie Mapes; His Highness Sheikh Mohammed bin Rashid Al Maktoum; Dan ... May, Kim Medici and Jocelyn Moriarty, Adrian Smith + Gordon Gill Architecture; MetLife Archives; McClair Preservation Group; the Family of Joseph Molitor; Anne Marie Burke and Lauren Rosenbloom, Morphosis; New York Landmarks Preserva-tion Commission; Ateliers Jean Nouvel; Moira Lascelles, Offce for Metropolitan Architecture; Krissie Nuckols, Kohn Pedersen Fox Associates; Pelli Clarke Pelli Architects; Renzo Piano Building Workshop; Jessica Pleasants, Skidmore, Owings & Merrill, New York; Atelier Christian de Portzamparc; Catha Grace Rambusch; Donna Read, Mesa Verde National Park; Loren Rohr, George McWilliams Associates; Jonathan F.P. Rose; Laura Ross; Allison Russo; Imre Solt; Kenzo Tange Associates; Alton Thompson; James Kent, Thornton Tomasetti; Celeste Torello, Rockefeller Center; Transamerica Corporation; Marco Vagnini, Marcoingegno Design Studio, Roma; Frank Wang, Taipei 101, Taipei Financial Center Corporation; Claire Whittaker for Santiago Calatrava; Lebbeus Woods; and the World Federation of Great Towers.

朱迪思·杜普雷（Judith Dupré），出生于美国罗得岛州的普罗维登斯市，获得布朗大学和耶鲁大学学位。在曼哈顿建筑设计工作室从事研究工作。获得无数的奖项和奖学金资助，包括耶鲁大学、纽约国家艺术理事会和国家人文基金会。热衷于建筑的世界，通过长期对大型基础设施项目及耶鲁大学和其他高校的课题调研，积累了大量建筑学资料，著有多部建筑学相关书籍。美国艺术委员会授予她“艺术家奖”、“最高荣誉奖”和“艺术文化冠军”。《纽约时报》畅销书作家。

摩天大楼在喧嚣的城市中拔地而起，于云海之中傲然独立，引人驻足观赏，激发想象无限。这些楼宇巧夺天工，是创新科技的完美展现，也代表了人们的最高期望。

本书以时间为序，带读者领略世界各地摩天大楼的耀人风采，从宗教建筑到城市地标，再到充满超前环保理念的大楼，书中涵盖了世界上125年来最优秀、最具历史意义的超高层建筑。新版补充了诸多新落成的世界顶级建筑，众多“超高层”建筑更是突破常规的杰作，其所体现出的建筑难度和超凡的想象，是前辈工程师们无法企及的。在同主题图书中最全面、最权威，广受关注。更有作者对建筑师的访谈记录，充满激情的文字如同建筑本身一样精彩。

书中对每座超高层建筑都配有精美彩图，展示建筑物的全景及细节，并配以设计图稿，帮助读者深入了解其非凡的建造过程。同时，作者给每一幢摩天大楼配上生动的文字评论，解读该建筑的独特意义，反映了其所处的时代背景。

总体而言，《摩天大楼》一书信息丰富全面，数据详实，不仅是建筑师的一本难得的参考书，更是建筑爱好者的一场视觉盛宴。

图书在版编目(CIP)数据

摩天大楼：对话建筑师·世界历史上最非凡的超高层建筑/［美］杜普雷（Dupre, J.）著；付垚，王禛译.—上海：上海科学技术出版社，2015.8

ISBN 978-7-5478-2614-0

Ⅰ.①摩… Ⅱ.①杜… ②付… Ⅲ.①高层建筑－建筑设计－世界－图集 Ⅳ.①TU972-64

中国版本图书馆CIP数据核字(2015)第076960号

摩天大楼

对话建筑师·世界历史上最非凡的超高层建筑

［美］朱迪斯·杜普雷（Judith Dupré）著 付垚 王禛译

上海世纪出版股份有限公司
上 海 科 学 技 术 出 版 社 出版
（上海钦州南路71号 邮政编码200235）
上海世纪出版股份有限公司发行中心发行
200001 上海福建中路193号 www. ewen. co
上海中华商务联合印刷有限公司印刷
开本 889×1194 1/16 印张 11.25 插页 4
字数 350千字
2015年8月第1版 2015年8月第1次印刷
ISBN 978-7-5478-2614-0 / TU·209
定价：128.00元